ISBN 978-3-540-01967-1 ISBN 978-3-642-86075-1 (eBook)
DOI 10.1007/978-3-642-86075-1

Inhaltsverzeichnis.

		Seite
I.	Einleitung	3
	Entwicklung des Warmpreß- und Gesenkschmiedeverfahrens S. 3.	3
II.	Verwendungsgebiete	4

1. Preßmessing S. 4. — 2. Preßaluminium S. 4. — 3. Magnesium-Preßlegierungen S. 7.

III. Preßmetall-Legierungen 7

1. Preßmessing-Legierungen S. 7. — 2. Preßaluminium-Legierungen S. 9. — 3. Preßmagnesium-Legierungen S. 9.

IV. Bildsamkeit der Preßmetalle 11

V. Schnittbearbeitbarkeit 13

VI. Eigenschaften der Preß- und Gesenkschmiedeteile 14

1. Festigkeit bei gewöhnlicher Temperatur S. 16. — 2. Warmfestigkeit S. 16. — 3. Gleitfähigkeit S. 17. — 4. Leitfähigkeit S. 18. — 5. Korrosion S. 18. — 6. Herstellungsgenauigkeit S. 19.

VII. Herstellung von Preßstangen und Gesenkschmiedeteilen 20

VIII. Maschinen für Gesenkschmieden 21

1. Strangpresse S. 21. — 2. Preßprofile S. 22. — 3. Abschneidemaschinen S. 22. — 4. Öfen zum Erwärmen der Schmiederohlinge S. 23. — 5. Maschinen zum Gesenkschmieden S. 26. — 6. Abgratmaschinen S. 25. — 7. Einrichtung zum Beizen der Gesenkschmiedeteile S. 26.

IX. Konstruktion von Gesenkschmiedeteilen 26

X. Grundarten des Warm-Gesenkschmiedens 29

XI. Herstellungsbeispiele 30

1. Quetschverfahren S. 30. — 2. Stauchverfahren S. 30. — 3. Spritzverfahren S. 34.

XII. Werkzeuge 34

1. Preßwerkzeuge für die Strangpresse S. 34. — 2. Gesenke für die Gesenkschmieden S. 35. — 3. Aufspannung für die Gesenke S. 36. — 4. Werkzeuge zum Abgraten S. 36. — 5. Herstellung der Gesenke S. 36. — 6. Härten der Gesenke S. 42.

XIII. Wirtschaftlichkeit des Warm-Gesenkschmiedens 44

1. Gesenkkosten S. 44. — 2. Gesenkverschleiß S. 44.

Die Firmen: Robert Bosch G. m. b. H. Metallwerke, Stuttgart-Feuerbach, Hansa-Metallwerke AG. Stuttgart-Möhringen, Vereinigte Deutsche Metallwerke A.G.(VDM), Frankfurt/M.-Heddernheim und Nürnberg, Metallwerke Otto Fuchs, Meinerzhagen/Westf., Maschinenfabrik Friedrich Deckel, München, Nassovia Maschinenfabrik Hanns Fickert GmbH, Langen b. Frankfurt/M. haben mir in entgegenkommender Weise Bildunterlagen zur Verfügung gestellt. Ich danke bestens für die Unterstützung.

Alle Rechte, insbesondere das der Übersetzung in fremde Sprachen, vorbehalten. Ohne besondere Genehmigung des Verlages ist es auch nicht gestattet, dieses Buch oder Teile daraus auf photomechanischem Wege (Fotokopie, Mikrokopie) zu vervielfältigen.

WERKSTATTBÜCHER
FÜR BETRIEBSANGESTELLTE, KONSTRUKTEURE UND FACH-
ARBEITER. HERAUSGEBER DR.-ING. H. HAAKE, HAMBURG

HEFT 41

Das Pressen und Gesenkschmieden der Nichteisenmetalle

Von

Dr.-Ing. August Peter
Kelkheim/Taunus

Zweite Auflage
(7. bis 12. Tausend)

Mit 70 Abbildungen

Springer-Verlag
Berlin / Göttingen / Heidelberg
1955

I. Einleitung.[1]

Entwicklung des Warmpreß- und Gesenkschmiedeverfahrens. Da Deutschland arm ist an Metallerzen, besonders an Kupfer und Zinn, und diese Rohstoffe fast ausschließlich aus dem Auslande bezogen wurden, hat schon frühzeitig das Bestreben eingesetzt, mit diesen Metallen möglichst hauszuhalten und ihre Verarbeitung auf das sorgsamste durchzubilden.

Anstatt der hochhaltigen Bronzen mit 80···95% Cu, Rest Sn, oder Rotguß mit 80···90% Cu, einem Zusatz von Sn, Rest Zn, versuchte man billigere, kupferarme Messinglegierungen zu verwenden.

Nun zeigte es sich, daß bei Messing unter 63% Cu beim Gießen erhebliche Schwierigkeiten dadurch eintreten, daß die Legierungen zum Seigern und zu Rißbildungen neigen[2]. Die Festigkeitseigenschaften dieser Legierungen waren auch nicht günstig.

Bei den Versuchen, Messing mit höchstens 60% Cu zu verwenden, stellte man fest, daß diese Legierungen sich zwar schlecht vergießen, aber sich desto besser warm schmieden lassen.

Das Warmpressen und Gesenkschmieden von Messing ist Ende des vorigen Jahrhunderts zuerst in Deutschland eingeführt worden. Bereits im Jahre 1891 hat die Deutsche Delta-Metall-Gesellschaft, Düsseldorf-Grafenberg, Metallschmiedeteile unter einem Fallhammer hergestellt, und um die Jahrhundertwende hat die AEG die Erzeugung von geschmiedeten Messingteilen für elektrische Kontaktstücke sowie für Ausrüstungsteile für Gas- und Wasserleitungen in größerem Umfange aufgenommen. Erst später, nachdem Metall-Schmiedeteile nach England ausgeführt worden waren, hat sich auch dort die Herstellung eingeführt. In amerikanischen Zeitschriften wird berichtet, daß die Erzeugung von Metall-Schmiedeteilen erst während des I. Weltkrieges aufgenommen und hauptsächlich zur Herstellung von Zünderteilen angewendet wurde. Eigenartigerweise hatte dort bis dahin die Herstellung von Metall-Schmiedeteilen nicht den Umfang angenommen, wie es in Anbetracht der großen Massenherstellung, z. B. für den Automobilbedarf, hätte erwartet werden können.

Mit der zunehmenden Verwendung von Aluminium für die Herstellung von Metallteilen fand auch hierfür das Pressen bald Eingang. Aus Reinaluminium werden nicht nur Stangen gepreßt, sondern auch Schmiedeteile hergestellt, die besonders für elektrische Freileitungsarmaturen Verwendung finden.

Die naturharten, unvergüteten Al-Legierungen zeigen ihre ausgezeichneten Festigkeitseigenschaften besonders im gepreßten und gut durchgekneteten Zustande. Hierdurch ist für die Preß- und Schmiedetechnik ein neues Gebiet entstanden, das eine große Bedeutung für die Herstellung von Stangen und Formteilen bekommen hat.

Das Verpressen von Magnesiumlegierungen hat früher in Deutschland eine größere Bedeutung gehabt als heute, weil wir in Bitterfeld und Heringen/Werra eigene Mg-Erzeugungsstätten besaßen. Heute muß Magnesium bezogen werden. Für besondere Zwecke werden aber jetzt wieder Stangen und Gesenkschmiedestücke aus Mg-Legierungen hergestellt.

---

[1] Die erste Auflage dieses Werkstattbuches ist 1930 unter dem Titel „Das Pressen der Metalle (Nichteisenmetalle)" erschienen.

[2] Vgl. Werkstattbuch Heft 45: KELLER-ECKHOFF, Kupfer und Kupferlegierungen.

II. Verwendungsgebiete.

1. Preßmessing. Mit dem Aufschwung der *Elektrotechnik* trat ein großer Bedarf an Metallteilen ein. Kabelschuhe ließen sich leicht im Gesenk pressen und bewährten sich infolge ihres dichten Gefüges als stromführend besonders gut. Durch diese Erfolge angeregt, ging man dazu über, auch schwierigere Teile, die bisher in Bronze gegossen wurden, als Preßteile aus Messing herzustellen, so daß heute fast alle Metallteile für elektrische Apparate und Einrichtungen, wie Kabelschuhe, Sicherungsböcke und Kontaktstücke aller Art als Preßteile hergestellt werden (Abb. 1). Fahrdrahtklemmen für elektrische Straßenbahnen wurden schon frühzeitig aus Preßmessing hergestellt, weil sie infolge der hohen Festigkeit von Preßmessing in ihrer Bauart leicht gehalten werden konnten und durch das gepreßte gleichmäßige Gefüge eine hohe Sicherheit gegen Bruchgefahr boten.

Das Hauptverwendungsgebiet für Messing-Gesenkschmiedeteile findet man bei Armaturen jeder Art. Der Grund hierfür liegt einmal in der glatten Oberfläche der Schmiedestücke, wodurch an Schleif- und Polierarbeit gespart wird, zum anderen in der guten Maßhaltigkeit, die eine geringere Bearbeitungszugabe erforderlich macht als bei Gußstücken. Besonders aber spielt die höhere Festigkeit und das dichte, porenfreie Gefüge bei Druckarmaturen eine ausschlaggebende Rolle.

Von großer Bedeutung ist auch die günstige Oberflächenbehandlung durch Vernickeln und Verchromen, wodurch häufig auf Preßmessing zurückgegriffen wird. In den Abbildungen 2···4 sind die vielseitigen Verwendungsgebiete im Armaturenbau zu sehen.

Im Apparatebau, siehe Abb. 5, werden aus obigen Gründen ebenfalls häufig Messing-Gesenkschmiedeteile verwendet.

Früher hat man im *Fahrzeugbau* (Automobil- und Lokomotivbau) gern Bronze verwendet, weil man glaubte, daß dies teuere Material auch für alle Zwecke hier das Beste wäre. Nach Erkenntnis der großen Vorzüge von Preßmessing hat hier seine Verwendung einen großen Umfang angenommen: Im Automobilbau werden aus Gewichtsgründen vielfach Apparateteile und Beschläge statt aus Preßmessing heute aus Aluminiumlegierungen hergestellt, doch bleibt man dennoch gern bei Messing-Schmiedeteilen, wenn es sich um besonders hoch beanspruchte Teile handelt. Abb. 6 zeigt einige Teile aus dem Fahrzeugbau und der Feinmechanik.

Größere Schwierigkeiten hat die Einführung von Preßmessing an Stelle von Rotguß im Lokomotivbau bereitet. Obwohl seit Jahrzehnten die Metallteile der Bremsen (Kunze-Knorr und Westinghouse) fast alle aus Preßmessing hergestellt wurden und sich dort als brauchbar erwiesen hatten, konnte man sich bei der Reichsbahn nur schwer entschließen, bei der Normung der Lokomotivarmaturen Preßmessing vorzusehen. Als man es dennoch tat und Verschraubungen und Überwurfmuttern aus Preßmessing herstellte, regten die großen Ersparnisse hierbei dazu an, umfangreiche Versuche mit fast allen in ihrer Form preßbaren Armaturen aus Preßmessing anzustellen. Hierdurch wurde der Preßtechnik ein neues großes Gebiet erschlossen.

Im Schiffbau werden für die Metallteile vielfach Preßteile aus einer besonderen seewasserbeständigen Legierung verwendet. Verschraubungen, Knebel für Schiffsfenster, Ventilsitze und Stopfbüchsen sind seit Jahren im Gebrauch und haben sich in bezug auf Verschleiß und Korrosion günstig verhalten, hier werden heute aber auch vielfach schon Gesenkschmiedestücke und Druckgußteile aus einer seewasserbeständigen Al-Legierung verwendet.

2. Preßaluminium. Soll für Freileitungsarmaturen und elektrische Kontaktteile, die dauernd der Witterung ausgesetzt sind, aus bestimmten Gründen Alu-

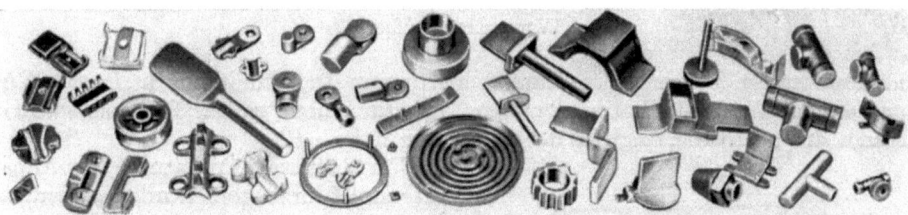

Abb. 1. Ausrüstungsteile für Elektrotechnik. (*Vereinigte Deutsche Metallwerke (VDM) Frankfurt/M.-Heddernheim und Nürnberg*)[1].

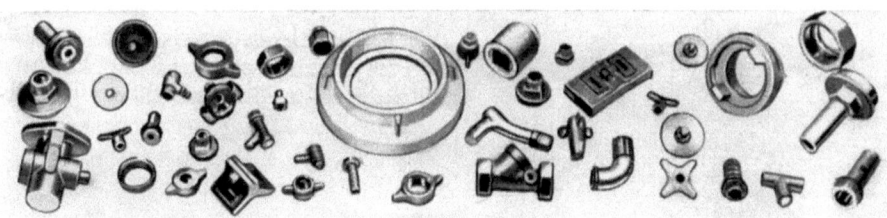

Abb. 2. Armaturen. (*VDM*).

Abb. 3. Sanitäre Armaturen. (*VDM*).

Abb. 4. Gasgeräte, Gasarmaturen, Wassermesser. (*VDM*).

Abb. 5. Apparatebau. (*VDM*).

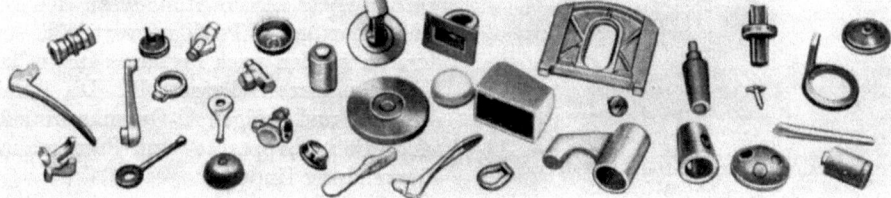

Abb. 6. Fahrzeugteile, Feinmechanik. (*VDM*).

[1] Der Firmenname wird bei den Abb. nur das erste Mal vollständig, bei Wiederholungen gekürzt angegeben, z. B. hier „VDM".

minium verwendet werden, so kommt hierfür nur Reinaluminium in Frage. Nur aus diesem Werkstoff haben derartige Armaturen den großen Korrosionswiderstand, der gegen die Angriffe der Witterung nötig ist[1].

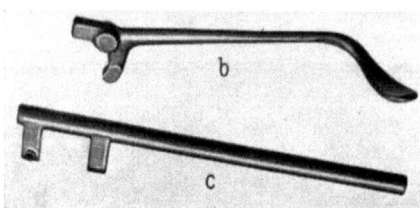

Für elektrische Armaturen, für Apparate und Fahrzeugteile wurden außerdem Preßteile aus Al–Cu- und Al–Si-Legierungen hergestellt, doch konnten diese Teile sich nicht in größerem Umfange einführen, da sich diese Legierungen verhältnismäßig schwer pressen lassen und die Formteile im Kokillen- und Druckguß billiger her-

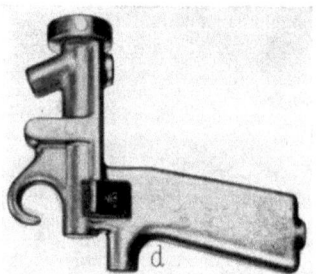
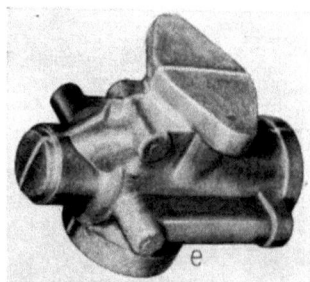

Abb. 7. Al-Gesenkschmiedestücke im Apparatebau. *(VDM)*.

zustellen sind. Nur für Gleitschienen an elektrischen Straßenbahnwagen werden Profilstangen aus gepreßten Al–Cu- und Al–Si-Legierungen noch heute verwendet.

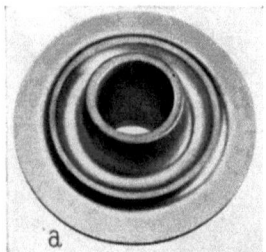
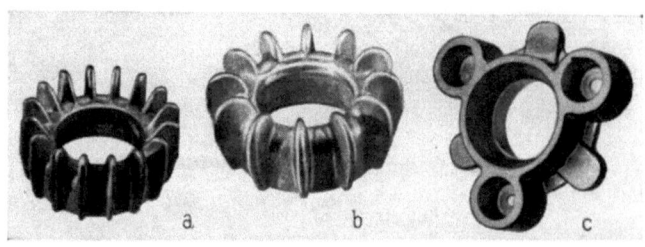

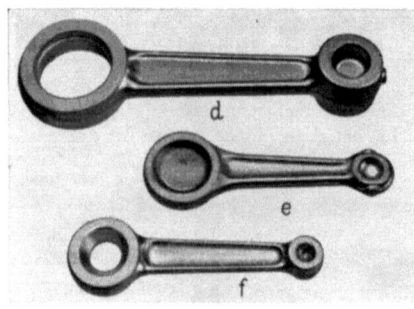

Einen großen Aufschwung nahm das Pressen von Aluminiumlegierungen erst mit der Erfindung der *vergütbaren* Aluminiumlegierungen, da diese sich nur in gepreßtem Zustande vergüten lassen. Sie werden nicht nur in Stangen zu den verschiedenartigsten Profilen verpreßt, sondern es werden auch Preßteile in großem Umfange daraus hergestellt. Die Abbildungen 7 und 8 zeigen Al-Gesenkschmiedeteile, die im Apparate- und Fahrzeugbau Verwendung finden.

Abb. 8. Al-Gesenkschmiedestücke im Fahrzeugbau. *(VDM)*.

---

[1] Vgl. Werkstattbuch Heft 53: F. BÖHLE, Leichtmetalle.

3. **Magnesium-Preßlegierungen** werden in Stangen mit den verschiedenartigsten Profilen hergestellt, und aus ihnen werden wegen der guten Bearbeitbarkeit des Stoffes Teile aller Art durch Zerspanen herausgearbeitet. Aber auch in Formen werden heute noch Stangenabschnitte zu Preßteilen umgeformt, die hauptsächlich für Teile in Frage kommen, die nur ein geringes Gewicht haben dürfen. Automobilkolben aus Mg-Legierung finden noch für Rennwagen Verwendung und auch andere Teile, bei denen das Gewicht eine besondere Rolle spielt, z. B. im Flugzeugbau, werden noch aus Mg-Preßlegierung hergestellt (Abb. 9).

Auf die Herstellung von Preßteilen hat die Normung einen großen Einfluß gehabt, da sie die Möglichkeit brachte, große Mengen gleicher Teile herzustellen. Das Preßverfahren bedarf gerade für seine Wirtschaftlichkeit dieser Massenfertigung, da die Preßteile unter Pressen in Stahlgesenken hergestellt werden, die ziemlich teuer sind, also nur bei der Herstellung großer Stückzahlen wirtschaftlich ausgenutzt werden können.

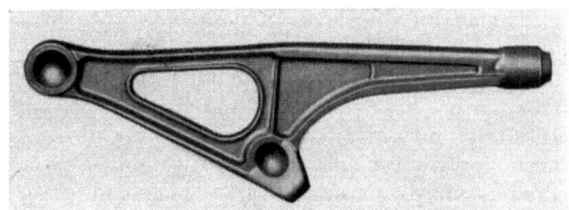

Abb. 9. Mg-Legierung-Gesenkschmiedeteil im Flugzeugbau.
(Metallwerke Otto Fuchs, Meinerzhagen/Westf.)

III. Preßmetall-Legierungen.

1. **Preßmessing-Legierungen.** Die Schmiedbarkeit von Preßmessing kann an Hand des Zustandsschaubildes (Abb. 10) der Zink-Kupfer-Legierungen verfolgt werden. In ihm sind die Strukturen der Legierungen in Abhängigkeit von der Zusammensetzung und der Temperatur dargestellt, so daß zu ersehen ist, welche Kristallarten bei der Abkühlung aus der Schmelze entstehen. Wenn man diese auf ihre Warmbildsamkeit und Verwendung im abgekühlten Zustande untersucht, findet man, daß nur die Legierungen mit mehr als 50% Cu technisch wichtig sind. In dem Schaubild befinden sich die Legierungen oberhalb der oberen Begrenzungskurve in flüssigem Zustande, während auf der Kurve die Erstarrung beginnt. Bei den Legierungen mit 100···61% Cu scheiden sich bei der Erstarrung zuerst α-Kristalle aus der Schmelze (S) aus, während bei den Legierungen von 61···40% Cu sich ein β-Kristall aus der Schmelze bildet. Die Erstarrung ist in der unteren Kurve der schraffierten Fläche beendet. Die Legierungen mit mehr als 67,5% Cu bestehen auch nach der Erstarrung nur aus α-Kristallen, während bei den Legierungen bis 54% Cu auch im festen Zustande noch Umwandlungen eintreten.

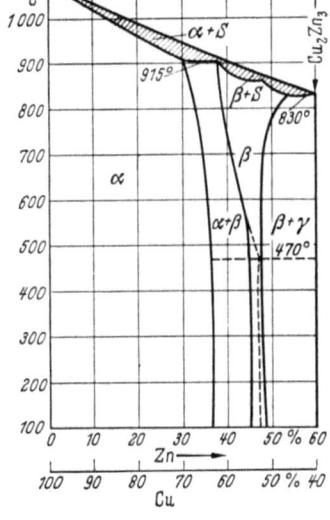

Abb. 10. Zustandsschaubild der Zink-Kupfer-Legierungen.

Je nach der Temperatur und dem Cu-Gehalt sind die Kristallarten α und β, rein β oder β und γ vorhanden, die im warmen und kalten Zustande besondere Eigenschaften besitzen. Während die α-Mischkristalle nur schwer warmbildsam sind, lassen sich die β-Mischkristalle gut warm verpressen.

Nun spielt aber der Zustand der abgekühlten Legierungen eine große Rolle. Die Legierungen über 63% Cu mit α-Mischkristallen lassen sich durch Ziehen als Stangen, Draht und Rohre und durch Walzen zu Blechen gut kalt verarbeiten, dagegen ist die Bearbeitung durch Spanabnahme infolge des langen lockigen Spanes ungünstig. Die Legierungen unter 63 bis zu 54% Cu bilden im abgekühlten Zustande ein ungleichartiges (heterogenes) Gemisch von α und β-Mischkristallen. Oberhalb der Sättigungslinie, also zwischen 500 und 800° befinden sich die Legierungen im β-Gebiet, in dem eine gute Warmbildsamkeit gegeben ist. Von 54 bis 49% Cu haben die Legierungen nicht nur im warmen Zustande, sondern auch bei gewöhnlicher Temperatur ein β-Gefüge, wodurch die Warmbildsamkeit wohl gegeben ist, aber die Legierung für Bearbeitung durch Zerspanen zu hart wird. Dies tritt mit auftretendem γ-Mischkristall bei den Legierungen unter 49% Cu in noch größerem Umfange ein. Aus obiger Betrachtung ist zu ersehen, weshalb Preßmessing-Legierungen im allgemeinen einen Kupfergehalt von 63···54% Cu haben.

Nicht nur die Zweistoff-Legierungen Zink-Kupfer finden für Preßzwecke Verwendung, sondern hauptsächlich auch das sogenannte Schraubenmessing (Ms 58) mit 58% Cu, 2···2,5% Pb, Rest Zn, das außer einer guten Warmbildsamkeit, sich durch seinen spritzigen Span besonders gut für spanabnehmende Bearbeitung eignet. Wie die Benennung schon angibt, wird es in gepreßten Stangen auf Automaten zu Schrauben und Drehteilen verarbeitet, und als Preßteile wird es zu den meisten Metallteilen verwendet, an die keine besonderen Anforderungen gestellt werden.

Während Messingguß-Legierungen durch einen Zusatz von Zinn günstige gießtechnische und Festigkeits-Eigenschaften erhalten, ist Zinn bei Preßmessing nur in geringem Zusatz zu verwenden. Das Sondermessing SoMs 68 mit 1% Sn ist noch gut preßbar. Es wird aber nur für besondere Zwecke z. B. Hahnküken, Lagerschalen usw. verwendet.

Durch Zusätze von Mangan, Eisen, Nickel und Aluminium, allein oder zu mehreren, werden die Sondermessinge gebildet, die auch unter dem Namen „Messingbronzen" geführt werden, weil ihre Eigenschaften denen von Bronzen in bezug auf Farbe, Widerstand gegen Korrosion, Abnutzung, Temperatur-Beständigkeit und Festigkeit gleich kommen.

Der Zusatz von Mangan wirkt kornverfeinernd, Festigkeit und Härte werden erhöht. Die Legierungen sind gut preßbar und werden hauptsächlich für Lagerschalen verwendet.

Eisen bewirkt ebenfalls eine Verfeinerung des Gefüges, dazu eine Erhöhung der Streckgrenze. Man geht aber nicht gern über einen Zusatz von 3% hinaus, da es sich sonst als Sonderbestandteil ausscheidet. Eisenmessing mit einem Zusatz von Mangan (SoMs 64) wird für Stangen und Preßteile verwendet und gilt als korrosionsbeständig.

Mit einem Nickelzusatz von 10% wird eine Messing-Legierung (SoMs 50 Ni) geliefert, die als besonders dampfbeständig für Turbinenschaufeln verwendet wird. Auch wegen der grünlichweißen Farbe findet dieses sogenannte Nickelmessing für Beschlagteile und Bestecke Verwendung. Die Warmpreßbarkeit ist gegenüber den obigen Legierungen geringer.

Aluminium wird dem Messing selten allein zugesetzt. Es findet aber in Verbindung mit Mangan, Eisen oder Nickel als Sondermessing (SoMs 64, SoMs 58-Al 1 und -Al 2) wegen der guten Korrorsionsbeständigkeit dieser Legierungen, die sich außerdem durch hohe Festigkeit und Härte und gute Laufeigenschaften auszeichnen, eine vielseitige Verwendung. Die Preßbarkeit ist gut.

Reines Kupfer (Elektrolytkupfer) wird für elektrotechnische Zwecke (Kontaktstücke), wo es auf hohe elektrische Leitfähigkeit ankommt, viel benutzt. Für andere Preßteile findet es dagegen nur wenig Verwendung, weil es einmal zu teuer ist, ferner sich verhältnismäßig schwer warmbilden läßt und auch in bezug auf spanabnehmende Bearbeitung ungünstige Eigenschaften hat.

Reines Zink hat als Preßmetall nur während des Krieges Bedeutung gefunden als Ersatz für Kupfer und Messing. Die Preßbarkeit war bei Beachtung der richtigen Preßtemperatur gut.

Tabelle 1 gibt die chemische Zusammensetzung der Preßmessing-Legierungen, darunter zum Vergleich eine Neusilberart an.

2. Preßaluminium-Legierungen. Rein-Aluminium läßt sich verhältnismäßig gut verpressen und wird für Freileitungs-Armaturen wegen seiner hohen elektrischen Leitfähigkeit und Korrosionsbeständigkeit verwendet.

Bei Aluminium-Legierungen gibt es keine kritischen Temperaturen und Kristallbildungen, die wie bei Messing auf die Warmbildsamkeit großen Einfluß haben.

Bei einem Zusatz von Mg sowie von Cu, Fe, Mn und Si bilden sich mit dem Aluminium Verbindungen, die den Legierungen vielseitige Eigenschaften geben.

Die Cu-freien Mn- und Mg-legierten Aluminiumlegierungen zeichnen sich durch eine gute Korrosionsbeständigkeit aus. Auch werden diese Legierungen wegen ihrer guten Polierfähigkeit und leichten anodischen Oxydation viel für dekorative Zwecke verwendet.

Bei einem geringen Zusatz von Mg und als Legierungsbestandteile von Si und besonders von Cu erhält man die vergütbaren Al-Legierungen. Hier hat man es mit ausgesprochenen Knetlegierungen zu tun, da nur nach einer guten Warmknetung des Werkstoffes der Härtungseffekt erzielt werden kann. Die Aushärtung erfolgt nach einer Erwärmung auf etwa 500° C mit nachfolgendem Abschrecken in Wasser und, je nach der Zusammensetzung der Legierung, nachfolgendem Auslagern bei Raumtemperatur oder Anlassen (Warmhärtung).

Tabelle 2 gibt die chemische Zusammensetzung einiger Preßaluminium-Legierungen nach DIN 1725 Bl. 1 an, die heute hauptsächlich verwendet werden.

3. Preßmagnesium-Legierungen. Magnesium wird in der Technik rein als Baustoff nicht verwendet, da es zu geringe Festigkeit und auch gegenüber Feuchtigkeit keinen Widerstand hat. Es wird hauptsächlich in Legierungen mit Zusätzen von Al, Cu, Mn und Zn hergestellt und hat unter der Bezeichnung „Elektron" als leichtestes Nutzmetall mit einem spez. Gewicht von 1,8 vielseitige Verwendung gefunden. Für weniger beanspruchte Teile werden wegen ihrer leichten Verformbarkeit die Legierungen Mg-Mn und Mg-Al 3 verwendet.

Die Legierungen Mg Al 6 und 7 erhalten durch ihre höheren Zusätze von Al im gepreßten Zustande besonders hohe Festigkeitsgütewerte, die sie für starkbeanspruchte Konstruktionsteile geeignet machen.

Die Kolben-Legierung mit einem Zusatz von Si und Al hat besonders gute Eigenschaften in bezug auf Warmfestigkeit und Gleitfähigkeit. Sie läßt sich gut pressen, wird aber heute nur noch für Rennwagen verwendet.

Tabelle 3 gibt die chemische Zusammensetzung der Preßmagnesium-Legierungen an.

Tabelle 1. *Kupfer (Din 1708) und Kupferlegierungen (Din 17660, Din 17661 und Din 17663)* [1]

Lfd. Nr.	Benennung	Kurz-zeichen	Chemische Zusammensetzung											Verwendungszweck
			Cu	Pb	Mn	Sn	Fe	Ni	Al	Si	Sb	Zn	
1	Kupfer B,C,D,F,E	B Cu usw.	69,5—73	<0,07	<0,1	<0,1	<0,1	<0,2	<0,1	—	<0,01	Rest	Preß-, Schmiede-, Elektroteile
2	Messing 72	Ms 72	62—65	<0,2	<0,1	<0,1	<0,2	<0,5	<0,1	—	<0,01	Rest	Schwierige Verformungsaufgaben
3	Messing 63	Ms 63	62—65	0,2—3,0	<0,1	<0,1	<0,3	<0,5	<0,1	—	<0,01	Rest	Gezogene und gedrückte Teile
4	Messing 63Pb	Ms 63Pb	59,5—62	<0,3	<0,2	<0,2	<0,3	<0,5	<0,1	—	<0,01	Rest	Nippel, nietfähig
5	Messing 60	Ms 60	59,5—62	0,3—3,0	<0,2	<0,2	<0,3	<0,5	<0,1	—	<0,01	Rest	Beschläge, Stanzartikel
6	Messing 60Pb	Ms 60Pb	57—59,5	1—3,0	<0,5	<0,3	<0,5	<0,5	<0,1	—	<0,02	Rest	Uhren- und Instrumententeile
7	Messing 58	Ms 58	54—57	<2,5	<0,1	<0,3	<0,5	<0,5	<0,1	—	<0,02	Rest	Armaturen, Schrauben
8	Messing 56	Ms 56	76—79	<0,07	—	—	<0,07	<0,5	0,2	—	—	Rest	Trittleisten, Vorhangstangen
9	Sondermessing 76	SoMs 76	66—70	<0,8	—	—	<0,4	<0,5	1,8—2,3	—	—	Rest	Kondensatorrohre
10	Sondermessing 68	SoMs 68	61—66	<0,25	2—5	—	0,5—3,5	—	2,5—7,5	0,75—1,25	—	Rest	Lager, Büchsen, Schalen
11	Sondermessing 64	SoMs 64	56—61	<1,0	0,2—3	—0,5	<1,5	—2	0,4—1,3	—0,5	—	Rest	Bauteile hoher Festigkeit
12	Sondermessing 58	SoMs 58Al 1	56—61	<0,8	0,2—3	—0,5	0,5—1,5	—2	1,3—2,5	—0,8	—	Rest	Gleitorgane
13	Sondermessing 58	SoMs 58Al 2	63—67	<0,05	<0,5	—	<0,3	11—13	—	—	—	Rest	Teile hoher Korrosionsbeständigkeit
14	Neusilber	Ns 6512										Rest	Beschlagteile, Bestecke

Tabelle 2. *Aluminium (DIN 1712 Bl. 3) und Aluminiumlegierungen (DIN 1725 Bl. 1)*. [1]

Lfd. Nr.	Gattung	Chemische Zusammensetzung										Verwendungszweck
		Cu	Mg	Si	Ti	Fe	Mn	Ni	Pb	Zn	Cr	Sb	Al	
1	Al 99,5	0,05	—	0,3	0,03	0,4	—	—	—	0,12*	—	—	Rest	Elektr. Leitungsmaterial, Tuben, Folien
2	Al 99	0,07	—	0,5	0,04	0,6	—	—	—	0,15*	—	—	Rest	Verpackung, Bedeckung
3	Al Mn	<0,1	<0,3	<0,5	Ti+Fe	<0,5	1—1,5	—	—	<0,1	—	—	Rest	Beschläge, Kühlschränke
4	Al Mg Mn	<0,1	1,5—3	<0,5		<0,5	0,5—1,5	—	—	<0,1	—0,3	<0,2	Rest	Schiffbaumaterial, Ladenausstattung
5	Al Mg 3	<0,05	2—4	<0,5		<0,5	—0,4	—	—	<0,3	—0,3	—	Rest	Innen- und Außenarchitektur
6	Al Mg 5	<0,05	4—5,5	<0,5		<0,5	—0,8	—	—	<0,3	—0,3	—	Rest	Textilindustrie
7	Al Mg Si	<0,1	0,6—1,4	0,6—1,2		<0,5	0,6—1	—	—	<0,3	—0,3	—	Rest	Behälter, Karosserien
8	Al Mg Si Pb	<0,1	0,6—1,4	0,6—1,2		<0,5	0,3—1,5	<0,2	0,5—2,5**	0,3	—0,3	—	Rest	Automatenbearbeitung
9	Al Cu Mg	2,5—5	0,2—1,8	<1,0		<0,8	0,3—1,5	<0,2	0,1	0,7	—	—	Rest	Fahrzeug- und Flugzeugbau
10	Al Cu Mg Pb	2,5—5	0,2—1,8	<1,0		<1,0	0,3—1,5	<0,3	0,5—2,5**	<0,9	—	—	Rest	Feinmechanik und Optik

* Cu + Zn   ** Pb + Sn + Cd + Bi

[1] Maßgebend sind die oben genannten Normblätter, die vom Beuth-Vertrieb, Berlin W 15 oder Köln, zu beziehen sind.

Tabelle 3. *Preßmagnesium-Legierungen (nach Din 1729[1]; vgl. Fußnote zu Tabelle 1)*

Lfd. Nr.	Benennung	Kurz-zeichen	Chemische Zusammensetzung				Zulässige Verunreinigungen			
			Mn	Zn	Al	Mg	Al	Zn	Si	Cu
1	Magnesium rein	Mg					Reinheitsgrad 99,7			
2	Mg-Mn-Legierung	Mg-Mn 2	1,4—2,3	—	—	Rest	0,3	0,3	0,2	0,05
3	Mg-Al 3-Legierung	Mg-Al 3 Zn1	0,2—0,5	0,75—1,25	2,75—3,25	,,	—	—	0,1	—
4	Mg-Al 6-Legierung	Mg-Al 6 Zn1	0,05—0,4	0,5—1,5	5,5—6,5	,,	—	—	0,2	0,1
5	Mg-Al 7-Legierung	Mg-Al 7 Zn1	0,05—0,4	0,5—2	6,5—8	,,	—	—	0,2	0,1

[1] DIN 1729 wird zur Zeit überarbeitet.

IV. Bildsamkeit der Preßmetalle.

Bei der Bildsamkeit der Metalle ist zwischen Warmverformung und Kaltverformung zu unterscheiden.

Die Metalle werden bei Warmverformung in dem Temperaturbereich verpreßt, bei dem sie die größte Bildsamkeit besitzen. Hierbei tritt folgende Veränderung des Gefüges ein:

Unter dem Preßdruck verschweißen die Kristalle miteinander, die nichtmetallischen Verunreinigungen zerreißen und die Hohlräume werden ausgefüllt. Durch diese inneren Vorgänge werden die Gefügeeigenschaften der gegossenen Metalle verändert, indem die Kristalle kleiner werden und der Einfluß der Hohlräume und der nichtmetallischen Verunreinigungen weitgehend beseitigt wird. Wenn auch im warmen Zustande die Elastizitäts- und Streckgrenze nicht erhöht wird, so tritt doch eine Veredelung des Metalles im abgekühlten Zustande ein, in dem die Zerreißfestigkeit und Dehnung eine bedeutende Steigerung erfahren.

Bei der Kaltverformung tritt ein Gleiten innerhalb der Kristalle ein, die dabei eine andere Form annehmen, ohne daß sie ihren Zusammenhang aufgeben. Diese sogenannte Verfestigung des Metalles führt zu einer erheblichen Erhöhung des Widerstandes gegen weitere Formveränderung. Die Elastizitäts- und Streckgrenze steigen, ebenso die Härte und Bruchgrenze, während die Dehnung schnell sinkt.

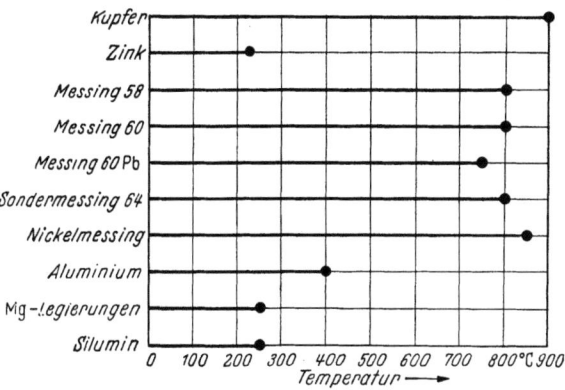

Abb. 11. Günstigste Preß- und Schmiedetemperaturen von NE-Metallen. [1]

Bei der Kaltverformung treten infolge Verschiebung der Kristalle gegeneinander erhebliche Eigenspannungen im Werkstoff auf, die nur durch Ausglühen wieder

---

[1] Die Versuche, nach denen die Abbildungen 11 und 12 gezeichnet sind, liegen schon einige Jahre zurück. Die Abbildungen sollen nur das Grundsätzliche aufzeigen. Da heute z. T. Legierungen mit abgeänderten Zusammensetzungen gebräuchlich sind und die Versuchsbedingungen seinerzeit nicht voll den heutigen Fertigungsbedingungen entsprochen haben, ist anzunehmen, daß die Metalle in modernen Preßwerken z. T. bei anderen Temperaturen verarbeitet werden und dabei dann auch entsprechend andere Stauchungsgrade aufweisen.

beseitigt werden können. Warmgepreßte Metalle haben dagegen in der Regel keine Eigenspannungen.

Über die Bildsamkeit der Preßmetalle im warmen und kalten Zustande geben die Abb. 11 und 12 in anschaulicher Form einen Überblick.[1]

Um die Bildsamkeit der am meisten verwendeten Preßmetall-Legierungen untereinander zu vergleichen, sind unter einem Fallwerk von 334 mkg Schlagstärke an Stauchzylindern von 40 mm Durchmesser und 40 mm Höhe Stauchversuche gemacht worden, die die Stauchbarkeit in % der ursprünglichen Höhe des Körpers bis zur Rißbildung im kalten (Temperatur von 20°) und im warmen Zustande (günstigste Preßtemperatur) ergeben haben (Abb. 11).

Bei Preßmessing liegen die günstigsten Temperaturen um 800° herum, während Kupfer eine Temperatur von 900° benötigt und Zink sich bereits bei 225° am besten pressen läßt. Reinaluminium hat die günstigste Preßtemperatur bei 400° und die Aluminium-Legierung „Silumin" bei 250°.

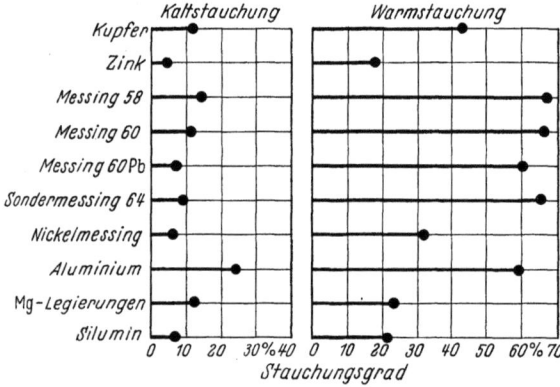

Abb. 12. Bildsamkeit (Stauchungsgrad) von NE-Preßmetallen.

Die für die Preßtechnik so wichtigen vergütbaren Aluminium-Legierungen sind bei der Warmbearbeitung zum Teil gegen Temperaturschwankungen wenig empfindlich. Die günstigsten Preßtemperaturen liegen zwischen 400 und 480°.

Bei den Magnesium-Legierungen liegen die günstigsten Preßtemperaturen, entsprechend der Zusammensetzung der Legierung, zwischen 250 und 400°.

Bei den Preßmessing-Legierungen ergibt sich eine Warmstauchbarkeit von durchschnittlich 50···60%, während Kupfer nur 42% und Zink nur 18% erreichen (Abb. 12). Reinaluminium ist mit 59% gut preßbar, während bei Silumin nur 22% erreicht wird. Mg-Legierungen haben nur eine Warmstauchbarkeit von etwa 24%.

Die Kaltstauchbarkeit bei derselben Schlagstärke von 334 mkg ist gegenüber der Warmstauchbarkeit sehr gering. Es werden nur 8···12% erreicht. Auch Kupfer läßt sich mit 12% kalt schwer verformen. Günstig ist allein die Kaltstauchbarkeit bei Aluminium mit 25%, während Mg-Legierungen mit 12% und Silumin mit 8% sich nur schwer kalt verpressen lassen.

Da bei der Kaltverformung von Metallteilen, die hauptsächlich beim Nachpressen warmgepreßter Teile angewandt wird, nur wenige Zehntel Millimeter aus-

Tabelle 4. *Günstigste Preßgeschwindigkeiten beim Strangpressen von NE-Metallen.*

Lfd. Nr.	Legierungsart		Preßgeschwindigkeit m/min
1	Kupferlegierung		10—30
2	Reinaluminium		10—20
3	AlMgSi	bei Stangen	6—10
		bei Profilen	1—3
4	AlCuMg	bei Stangen	2—6
		bei Profilen	1—2
5	Magnesium-Legierungen		2
6	Zink-Legierungen		2

geglichen werden sollen, dürften die Stauchbarkeitswerte meistens dennoch genügen, um Teile hoher Genauigkeit auf diesem Wege herzustellen.

Über die günstigste Preßgeschwindigkeit beim Strangpressen von NE-Metalllegierungen gibt Tabelle 4 Auskunft.

Nach den Angaben über Stauchbarkeit und Preßgeschwindigkeit ist beim Formpressen die geeignete Schmiedemaschine auszuwählen und sind auch die Werkzeuge anzupassen.

V. Schnittbearbeitbarkeit.

Preßmessing mit einem Kupfergehalt von über 63%, also mit α-Mischkristallen, ergibt, ähnlich wie Kupfer, einen langen und lockigen Span, wodurch es sich nur wenig für Bohr- und Dreharbeiten eignet.

Schmiedemessing (Ms 60) hat mit seinem $\alpha + \beta$-Gefüge einen mehr kurzbrüchigen, lockeren Span und somit eine bessere Schnittbearbeitbarkeit. Gute Bohr- und Dreheigenschaft ergibt das Schraubenmessing (Ms 58) durch den Zusatz von bis zu 3% Blei, wodurch der Span kurzbrüchig und spritzig wird.

Richtwerte für die Schnittgeschwindigkeit und den Spanquerschnitt beim Drehen von allen wesentlichen in der Werkstatt zu bearbeitenden Werkstoffen, einschließlich Kupfer und Kupferlegierungen sowie Leichtmetallen ergeben die Untersuchungen des Ausschusses für Wirtschaftliche Fertigung[1]. Die vom AWF angegebenen Richtwerte für Spanquerschnitt und Schnittgeschwindigkeit sind aufgestellt unter der Voraussetzung der Ausnutzung von Maschine und Werkzeug innerhalb der Grenzen, die durch die Bedingungen der Wirtschaftlichkeit gegeben sind. Bei der Benutzung der Zahlenwerte sind folgende Grundregeln zu beachten:

1. Sind an einem Werkstück große Spanmengen abzunehmen (wie z. B. beim Herausarbeiten aus einem vollen Stück), so kommt es darauf an, die an der Maschine verfügbare Leistung durch das Werkzeug möglichst vollkommen für die Bearbeitung auszunutzen (Arbeitsvorgang: Schruppen).

2. Verfolgt die Spanabnahme den Zweck, die bearbeitete Fläche auf einen bestimmten Gütegrad zu bringen, so wird die verfügbare Leistung der Maschine meist nicht voll ausgenutzt werden können (Arbeitsvorgang: Drehen zum Schleifen, Schlichten, Gewindeschneiden, Bohren auf der Drehbank).

3. Bei sperrigen und unstarren Werkstücken muß man unter den Richtwerten bleiben, wenn es nicht gelingt, durch geeignete feste Einspannung die Voraussetzung für die Anwendung der Richtwerte zu schaffen.

Reines Kupfer (Elektrolytkupfer) ist infolge seines langen und lockigen Spanes schwer zu bearbeiten. Dies zeigt sich besonders beim Bohren, Reiben und Gewindeschneiden, wobei der Werkstoff leicht schmiert.

Auch Reinaluminium hat bei der spanabnehmenden Bearbeitung ähnliche Eigenschaften wie Kupfer und α-Messing.

Günstiger liegen die Verhältnisse bei den Aluminium-Legierungen, besonders bei den vergütbaren Preßaluminium-Legierungen, die mit schneidenden Werkzeugen leicht bearbeitbar sind. Der Span ist locker, Flächen lassen sich sauber drehen und fräsen, Gewinde läßt sich glatt schneiden. Als Schmier- und Kühlmittel kann man bei hohen Schnittgeschwindigkeiten in Wasser lösliches Bohröl oder Rüböl verwenden.

---

[1] Betriebsblatt AWF 158, Kurzausgabe der AWF-Blätter 100—111, 119—125, 141, 755 und 756, erhältlich beim AWF, Frankfurt/M., Feldbergstr. 28 und beim Beuth-Vertrieb, Berlin W 15 oder Köln.

Bei Mg-Legierungen ist die Bearbeitbarkeit am günstigsten, da sie sich fast wie Holz bearbeiten lassen und mit Hartmetall Schnittgeschwindigkeiten bis über 1000 m/min möglich sind. Aus der guten Bearbeitbarkeit ergibt sich die Möglichkeit, bei Teilen aus Mg-Legierungen die Bearbeitungskosten auf ein Mindestmaß herabzudrücken.

Mg-Legierungen werden im allgemeinen trocken bearbeitet, bei Schlichtspänen wird auch dünnflüssiges Öl verwendet, weniger, um zu kühlen, als um das Umherfliegen der Späne zu verhüten. Kühlen darf man bei der Mg-Bearbeitung nur mit Preßluft oder mit Öl bzw. Ölmischungen, die nicht imstande sind, ein Brennen der Späne zu begünstigen. Geraten die Späne mal in Brand — was vorkommen kann — muß mit trockenem Sand gelöscht werden, auf keinen Fall mit Wasser!

VI. Eigenschaften der Preß- und Schmiedeteile.

Durch das Pressen des gegossenen Metallbarrens auf der Stangenpresse wird das schwammige, oft dendritische Gußgefüge mit seinen Schwindungshohlräumen in ein feinkörniges, dichtes Preßgefüge umgebildet. Abb. 13 zeigt das Gußgefüge eines $\alpha + \beta$-Messings und Abb. 14 denselben Werkstoff gepreßt, woraus die Veränderung des Gefüges zu erkennen ist.

Beim Warmpressen der Stangenabschnitte im Gesenk tritt eine wesentliche Veränderung des Gefüges nicht mehr ein. Nur durch Kaltnachprägen wird das

Abb. 13. Ms 58 gegossen. V = 200.   Abb. 14. Ms 58 gepreßt. V = 200.
Abb. 13 u. 14. Gefügebilder von Ms 58, gegossen und gepreßt. *(VDM)*.

Gefüge an der Oberfläche weiterhin verfestigt, wodurch höhere Festigkeit und Härte erzielt werden. Auch beim Kaltnachziehen von gepreßten Stangen können bis 50% höhere Festigkeitswerte erreicht werden. Hierbei fällt entsprechend der Steigerung der Festigkeit die Dehnung.

1. Festigkeit bei gewöhnlicher Temperatur. Die Festigkeitswerte warmgepreßter Metalle zeigen die Tabellen 5 und 6. Bei den gewöhnlichen Preßmessing-Legierungen (Ms 60 und Ms 58) liegen die Werte für die Zerreißfestigkeit zwischen 40 und 45 kg/mm² bei einer Dehnung von 20···25%. Die Brinellhärte HB beträgt 70···100 kg/mm².

Die Sonder-Preßmessinge haben durch ihre zum Teil härtenden Zusätze höhere Festigkeitswerte und höhere Härte. Zum Beispiel werden beim Sondermessing SoMs 64 durch einen Zusatz von Mn, Fe und Al eine Zugfestigkeit von 80 kg/mm² bei einer Bruchdehnung von 10···20% und eine Härte HB von 160 kg/mm² und damit gute Stahleigenschaften erreicht.

Festigkeit bei gewöhnlicher Temperatur. 15

Tabelle 5. *Festigkeitswerte und Verwendungseigenschaften von Kupfer und Kupferlegierungen* (vgl. Tabelle 1, S. 10), Auszug aus AWF 1520 [1].

Lfd. Nr.	Kurzzeichen	Mechanische Eigenschaften							Physikalische Eigenschaften				Verformbarkeit		Lieferform
		gepreßt			gezogen			Schmelz-punkt °C	Wärme-leit-fähigkeit cal/cm·s·°C	Elektr. Leit-fähigkeit bei 20° m/Ω·mm²	Wärme-ausdehnung je °C für 20—100°C	Spez. Gewicht kg/dm³	warm	kalt	Stangen St. Preßteile Pr. Rohre R. Draht Dr. Profile P.
		Zug-festigkeit kg/mm²	Streck-grenze kg/mm²	Bruch-dehnung %	Härte HB kg/mm²	Zug-festigkeit kg/mm²	Bruch-dehnung %								
1	ECu	20—25	5—10	50—55	55—65	20—40	5	1084	0,934	56—59	17,7·10⁻⁶	8,9	gut	sehr gut	St. P. R. Dr.
2	Ms 72	30—35	10—15	58—70	48—70	32—60	12—55	960	0,31	16—17	20·10⁻⁶	8,6	gut	sehr gut	St. P. R. Dr.
3	Ms 63	32—37	10—15	50—60	60—80	33—70	10—55	920	0,27	14—15	20·10⁻⁶	8,5	gut	gut	St. P. R. Dr.
4	Ms 63 Pb	30—40	10—15	30—35	50—75	33—60	8—55	910	0,28	14—15	20·10⁻⁶	8,5	mäßig	gut	St. P. R. Dr.
5	Ms 60	34—42	13—18	>30	70—100	35—70	8—48	905	0,27	14—15	21·10⁻⁶	8,5	sehr gut	gut	P.
6	Ms 60 Pb	37—45	13—18	20—35	75—100	35—62	7—48	890	0,27	14—15	21·10⁻⁶	8,5	sehr gut	mäßig	St. P. Dr. Pr.
7	Ms 58	40—50	16—22	30—35	75—105	38—65	5—35	890	0,26	14—15	21·10⁻⁶	8,5	sehr gut	ungeeignet	St. P. Dr. Pr.
8	Ms 56	45—60	20—25	15—20	90—120			880	0,29		23·10⁻⁶	8,5	sehr gut	sehr gut	P.
9	SoMs 76	30—38	16	>50	55—95	>35	>25	935	0,24	12—13	18,5·10⁻⁶	8,33	gut	mäßig	R.
10	SoMs 68	>40	14	>45	>80	45—65	15—30	930	0,18	9,5	18·10⁻⁶	8,3	gut	gut	R. Pr.
11	SoMs 64	>40		10—20	160	>75	10—15	890	0,12	3—5	19,8·10⁻⁶	7,6	sehr gut	gut	P. R. Pr. R.
12	SoMs 58 Al 1	45	>20	35	95	45—60		860	0,24	12,5	17·10⁻⁶	8,3	sehr gut	gut	P. R. Pr.
13	SoMs 58 Al 2	50	25	32	115	50—65	12—17	890	0,24	13,1	17·10⁻⁶	8,2	gut	gut	St. P. R. Pr.
14	SoMs 50 Ni			20											

[1] AWF 1520 ist zu beziehen beim Beuth-Vertrieb, Berlin W 15 oder Köln, oder unmittelbar beim Ausschuß für wirtschaftl. Fertigung, Frankfurt/Main, Feldbergstr. 28.

Tabelle 6. *Festigkeitswerte und Verwendungseigenschaften von Aluminium (Din 1790) und Al-Legierungen* (Auszug aus Din 1749) [1], sowie nach Angaben von AWF 1520 (vgl. Fußnote zu Tabelle 5).

Lfd. Nr.	Kurzzeichen	Zustand	Mechanische Eigenschaften				Physikalische Eigenschaften				Verformbarkeit		Lieferform
			Zug-festigkeit kg/mm² mindestens	Streck-grenze kg/mm² Richtwerte	Bruch-dehnung δ₅ % mindestens	Härte HB kg/mm² Richtwerte	Schmelz-punkt (mittel) °C	Wärme-leit-fähigkeit cal/cm·s·°C	Elektr. Leitfähigkeit bei 20° C m/Ω·mm²	Wärme-ausdehnung je °C für 20—100°C	Spez. Gewicht kg/dm³	warm	kalt	Stangen St. Preßteile Pr. Rohre R. Draht Dr. Profile P.
1	A 99,5 F 7	gepreßt	7	—	18 (δ₁₀)	20	650	0,56	36	24·10⁻⁶	2,7	sehr gut	sehr gut	St. P. R. Dr. Pr.
2	Al 99 F 8	gepreßt	8	—	18 (δ₁₀)	22	650	0,53	34	23,6·10⁻⁶	2,71	sehr gut	sehr gut	St. P. P. R. B. Pr.
3	AlMn F 10	gepreßt	10	5	14	25	650	0,46	29	23,2·10⁻⁶	sehr gut	gut	St. P. R. B. Pr.
4	AlMgMn F 18	gepreßt	18	8	15	45	640	0,35	25	23,6·10⁻⁶	gut	gut	St. P. R. B. Pr.
5	AlMg 3 F 17	gepreßt	17	8	15	45	620	0,33	20	24,3·10⁻⁶	schwierig	mäßig	St. P. R. B. Pr.
6	AlMg 5 F 23	gepreßt	23	10	12	55	600	0,28	17	23,8·10⁻⁶	schwierig	mittel	St. P. R. Pr.
7a	AlMgSi F 20	kalt ausgehärtet	20	18	10	60	620	0,37—0,47	26—28	22,7·10⁻⁶	gut	schwierig	St. P. R. Dr. Pr.
7b	AlMgSi F 32	warm ausgehärtet	28	25	8	75	620	0,37—0,47	30—33	22,7·10⁻⁶	gut	schwierig	St. P. R. Pr.
7c	AlMgSiPb F 25	warm ausgehärtet	25	15	8	90	620	0,37—0,47	30—33	22,7·10⁻⁶	gut	schwierig	St. P. R. Dr. Pr.
8	AlCuMg F 38	kalt ausgehärtet	28	24	10	100	575	Werte ähnlich	AlMgSi	22,7·10⁻⁶	ziemlich gut	mittel	St. P. R. B. Pr.
9a	AlCuMg F 42	kalt ausgehärtet	42	25	8	110	570	0,29	17,4	23,6·10⁻⁶	mäßig	schwierig	St. R. B. Pr.
9b		kalt ausgehärtet						0,29	17,4					
10	AlCuMgPb F 37	kalt ausgehärtet	37	22	6	90	575	0,29		23,6·10⁻⁶	ziemlich gut	schwierig	St. R. Pr.

[1] Maßgebend sind die obengenannten Normblätter, die vom Beuth-Vertrieb, Berlin W 15 oder Köln, zu beziehen sind.

Reinaluminium hat auch im gepreßten Zustande nur eine Festigkeit von 6 bis 10 kg/mm². Die vergütbaren Aluminium-Legierungen zeigen dagegen im gepreßten unvergüteten Zustande schon wesentlich höhere Festigkeitswerte (20···30 kg/mm²) bei Bruchdehnungswerten von 10···20%, wodurch diese Legierungen vielseitig verwendbar sind. Im ausgehärteten Zustande erreichen sie 30 bis 55 kg/mm² Zerreißfestigkeit bei 10 und mehr % Bruchdehnung und eine Härte HB von 75 bis 175 kg/mm², wodurch sie sich besonders für den Fahrzeug- und Flugzeugbau eignen.

Die Magnesium-Preßlegierungen haben in der Zusammensetzung für die meist verwendeten Baustoffe eine Festigkeit von 23···32 kg/mm² bei einer Dehnung von 10···16%. Für hochbeanspruchte Teile, besonders für den Fahrzeugbau (Automobile und Flugzeuge) ist die Legierung MgAl 7 entwickelt worden, die in vergütetem und gehärtetem Zustand mit 34···37 kg/mm² annähernd die Festigkeitswerte der vergütbaren Aluminium-Legierungen erreicht. Zusätze von seltenen Erden, wie Zer und Thorium, verbessern die Festigkeitseigenschaften. Neu entwickelt sind zirkonhaltige Magnesiumlegierungen für Preß- und Schmiedezwecke. Sie besitzen ein hohes Formänderungsvermögen und zeichnen sich durch gute technologische Eigenschaften aus.

Durch Kaltreckung können bei den vergütbaren Aluminium-Legierungen die Festigkeitswerte noch erhöht werden, wobei jedoch die Dehnung merklich abfällt.

2. Warmfestigkeit. Für die Verwendung von Preßteilen in Dampfarmaturen und als Kolben beim Verbrennungsmotor spielt die Warmfestigkeit der Legierungen eine große Rolle.

Versuche mit Preßmessing Ms 60 und Ms 58 sowie Rotguß RG 9 (85 Cu, 9 Sn, 6 Zn) haben Warmfestigkeiten nach Tab. 7 ergeben.

Tabelle 7. *Warmfestigkeit von Rotguß und Preßmessing.*

	Temperatur	Zerreißfestigkeit kg/mm²	Streckgrenze kg/mm²	Dehnung %	Einschnürung %
Rotguß RG 9	20°	20	—	5	—
	200°	14	8,2	4,4	7
	300°	18,7	13,2	8,8	13
	400°	12,2	11,0	3,5	6
Preßmessing Ms 60	20°	36	—	30	—
	200°	35,7	17,6	53	62
	300°	25,7	18,5	30	28
	400°	12,2	12,0	60	51
Ms 58	20°	40	—	20—30	—
	200°	38	19,5	39	56
	300°	31	20,3	40	59
	400°	16	15,9	79	71

Nach dieser Tabelle ist der Verlauf der Zerreißfestigkeit und der Dehnung in Abb. 15 und 16 gezeichnet. Die Warmfestigkeitswerte der Preßmessing-Legierungen sind günstiger als beim Rotguß Rg 9. Ebenfalls zeigen die Dehnungswerte beim Preßmessing wesentlich höhere Zahlen als beim Rotguß, dessen Dehnungswerte ziemlich gleichmäßig verlaufen.

Die Warmfestigkeitswerte der vergütbaren Aluminium-Legierungen sind für die AlCuMg-Legierung in Tabelle 8 angegeben.

Gleitfähigkeit.

Tabelle 8. *Warmfestigkeit von AlCuMg.*[1]

Temperatur	100°	150°	200°	250°	300°	
Streckgrenze kg/mm²	38	35	28	18	8	Belastungsdauer
Zugfestigkeit kg/mm²	42	38	31	20	9	normale
Dehnung %	12	14	8	15	31	Zerreißdauer

Die Tabelle ergibt eine beachtenswerte Warmfestigkeit, wodurch sich Aluminiumkolben für Verbrennungsmotore gut bewährt haben.

3. Gleitfähigkeit. Um die Gleitfähigkeit von Preßmessing Ms 60 gegenüber Rotguß Rg 9 festzustellen, wurden Versuche mit Lagerschalen von 70 mm Bohrung bei einer Belastung von 6 und 10 kg/mm² durchgeführt.[2]

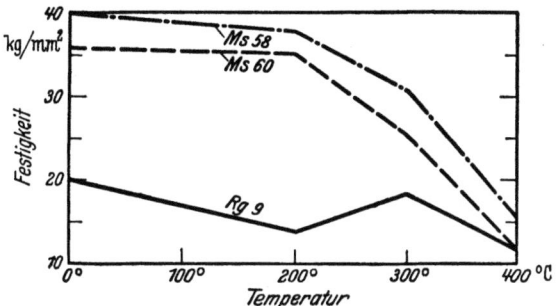

Abb. 15. Warmfestigkeit von Preßmessing und Rotguß.

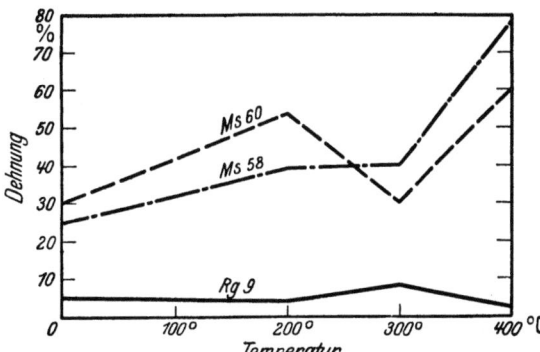

Abb. 16. Warmdehnung von Preßmessing und Rotguß.

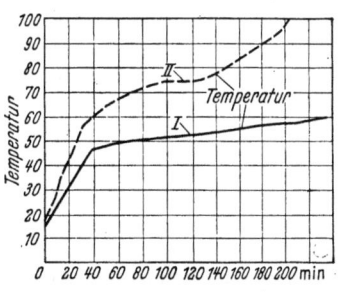

Abb. 17. Gleitfähigkeit von Preßmessing (I) und Rotguß (II). *(Nach älteren Untersuchungen im Laboratorium der AEG, Kabelwerk Oberspree.)*

Die Versuche ergaben (Abb. 17) daß die Preßmessinglager bei einer bestimmten Ölmenge und vierstündiger Betriebsdauer eine Temperatur von nur 58° erreichten, während bei den Rotgußschalen, trotz doppelter Ölmenge, bereits nach drei Stunden 90° erreicht wurden. Die Ursache der günstigen Wirkung ist, neben einer guten Wärmeleitfähigkeit der Schalen, hauptsächlich darauf zurückzuführen, daß bei Preßmessing infolge des gleichmäßigen, feinkörnigen Gefüges eine glatte Oberfläche erzielt wird. Dadurch wird die Ölschicht im Lager nicht so leicht unterbrochen, so daß sie nicht abreißen kann.

Die in Tabelle 6 angeführten LM-Legierungen eignen sich in der Regel nicht besonders gut für Lagerzwecke. Dagegen weisen Legierungen auf der Basis AlSi und AlZnMg sehr günstige Gleiteigenschaften auf, die ihnen für Lager und Kolben ein weites Anwendungsgebiet erschlossen haben.

Mg-Legierungen zeigen ebenfalls gute Gleiteigenschaften beim Zusammenarbeiten mit Eisen und Stahl, was sich besonders bei den gepreßten Kolben für Verbrennungsmotore zeigt.

---

[1] Werkstoffhandbuch H. 4.
[2] Betriebshütte, 3. Aufl. 1929, S. 756. Berlin: Wilhelm Ernst & Sohn.

4. Leitfähigkeit. a) *Elektrische Leitfähigkeit.* Die elektrische Leitfähigkeit hat für Kontakte und Leitungsarmaturen, die wegen der hohen Festigkeitswerte aus Preßmessing hergestellt werden, eine große Bedeutung. Aus der Tabelle 5 ist ersichtlich, daß Preßmessing-Legierungen mit 14···15 eine fast dreifach so hohe Leitfähigkeit besitzen wie Messingguß mit 5···6. Auch Rotguß hat eine um 50% geringere Leitfähigkeit als Preßmessing.

b) *Wärmeleitfähigkeit.* Die Wärmeleitfähigkeit zeigt ein ähnliches Bild wie die elektrische Leitfähigkeit. Nach LANDOLT-BÖRNSTEIN[1] ist bei Rotguß im Mittel mit einer Wärmeleitfähigkeit von 0,15 zu rechnen. Aus der Tabelle 5 ergibt sich bei Preßmessing (Ms 60) dagegen mit 0,29 ein fast um 100% höherer Wert.

Auch bei den gepreßten Aluminium-Legierungen liegen die Werte für Wärmeleitfähigkeit mit etwa 0,3 sehr günstig.

5. Korrosion. Von besonderer Bedeutung ist das Verhalten der Preßmetalle gegen Korrosion, da die Metallteile aus Nichteisenmetall meistens ungeschützt verwendet werden.

Man muß zwischen einem elektrochemischen und rein chemischen Angriff auf die Metalle unterscheiden.

Ein elektrochemischer Angriff entsteht dann, wenn an einem Metall oder an Teilen von ihm Elektrolyse auftritt, so daß das Metall Anode wird und sich dabei auflöst. Die Ursache hierfür können nun Fremdströme (vagabundierende Ströme) sein, oder die leitende Berührung zweier aus verschiedenen Metallen bestehender Stücke, die ein verschiedenes elektrochemisches Potential haben, gibt die Veranlassung zum Entstehen der elektrischen Ströme. Das unedlere Metall wird hierbei die Lösungs-Elektrode.

Im Gegensatz zu dem elektrochemischen Angriff wird als chemischer Angriff ein solcher bezeichnet, bei dem das Metall durch bloße Berührung mit gewissen anderen Stoffen (Chemikalien, Säuren, Laugen, Chlor u. dgl.) angegriffen wird. Ein solcher Vorgang ist allerdings sofort mit elektrochemischen Erscheinungen verbunden, wenn das betr. Metall (z. B. Messing) eine Legierung ist. Dann kommen die verschiedenen Legierungsbestandteile (z.B. Kupfer und Zink) mit den betr. Chemikalien bzw. ihren Lösungen in Berührung und veranlassen durch ihre verschiedene Löslichkeit eine Potentialdifferenz. Deren Größe richtet sich nach der Stellung, die die Metalle in der elektrochemischen Spannungsreihe einnehmen, wobei man elektronegative (unedle) und elektropositive (edle) Metalle, bezogen auf Wasserstoff oder gegen Kalomelelektrode, unterscheidet.

Taucht man z. B. chemisch reines Kupfer in eine Lösung von Kupfersulfat ($CuSO_4$), so zeigt sich zwischen beiden eine Potentialdifferenz, die nach der NERNSTschen Formel errechnet wird zu $e = \dfrac{0{,}058}{n} \log \dfrac{e}{c}$ Volt

wobei n = Wertigkeit des Metallions,
e = eine dem Lösungsdruck entsprechende Konstante,
c = Konzentration der Metallionen.

Die Potentialdifferenz ergibt sich nach Tabelle 9.

Tabelle 9. *Potentialdifferenz.*

	Unter Beziehung auf „einfache normale" Ionenkonzentration	Gegen Normal-Kalomelelektrode
Kupfer in $CuSO_4$ . .	+ 0,34 Volt	− 0,22 Volt
Zink in $ZnSO_4$ . . .	− 0,77 Volt	− 1,037 Volt

---
[1] Physikalisch-chemische Tabellen. Springer: Berlin/Göttingen/Heidelberg.

Die elektrolytischen Lösungspotentiale (nach BAUER und VOGEL 1918) sind in Tabelle 10 angegeben.

Tabelle 10. *Elektrolytische Lösungspotentiale.*

Kupferlegierungen	Cu		Zn		Pb		Spannungen gegen Normal-Kalomelelektrode bei 18°	
							ungerührt	gerührt
Preßmessing Ms 58 ..	58,35		39,61		2,12		—0,335	—0,318
,, Ms 63 ..	62,77		36,76		0,47		—0,272	—0,272
,, Ms 72 ..	72,83		27,38		—		—0,243	—0,257
Aluminiumlegierungen	Al	Mg	Mn	Cu	Zn	Si		
AlCuMg	93,59	0,74	0,66	4,18	0,06	0,51	—0,577	—0,543
Magnesiumlegierungen	Mg	Al	Fe	Cu	Zn	Si		
	96	0,11	0,04	0,11	3,8	0,05	—1,528	—1,536

Nicht nur äußere Ströme, die durch Berührung von Metallen auftreten, bedingen die Korrosion, sondern es können auch durch Verunreinigungen oder verschiedenartige Gefügebestandteile (z. B. α- und β-Mischkristalle bei Messing) Elementbildungen entstehen. Ferner spielen sogar Spannungen innerhalb des Stoffes, die bei der Bearbeitung entstanden sind, bei der Korrosion eine Rolle.

Der Angriff durch Korrosion tritt selten so auf, daß die ganze Fläche gleichzeitig sich auflöst, sondern alle Metalle zeigen bevorzugt angreifbare Stellen (Oberflächenfehler, Ziehriefen). Hier ist die saubere Oberfläche der Preßteile und das gleichmäßige Gefüge von schützendem Einfluß.

Von besonderer Bedeutung ist der Lochfraß, der sich bei Kondensatorrohren häufig zeigt. Auch hier sind Ziehriefen, Verunreinigungen im Werkstoff häufig die Ursache der Korrosion[1].

6. Herstellungsgenauigkeit. Bei einem warmgeschmiedeten Metallteil muß bei der Herstellung mit einem Schwindmaß gerechnet werden, und dementsprechend sind die Formen in den Werkzeugen größer auszuarbeiten.

Bei den Preß-Legierungen rechnet man durchschnittlich mit einem Schwindmaß von 1,0 bis 1,5% auf alle Maße.

Infolge der Abnutzung der Preßmatrizen bei der Strangpresse und durch das Ausschlagen der Gesenke beim Formschmieden sowie durch Temperaturschwankungen können die Abmessungen der hergestellten Teile nicht dauernd genau eingehalten werden.

Die Toleranzen für Stangen und Profile sind für alle Metallegierungen genormt (Tab. 11).

Tabelle 11. *Toleranzen für gepreßte und gezogene Rundstangen aus Leicht- und Schwermetallen (nach DIN 1773, 1776, 1790)*[2].

Durchmesser mm	gepreßt ±	gezogen —
10	0,3	0,09
18	0,3	0,11
30	0,3	0,13
50	0,4	0,16
80	0,6	0,3
100	0,9	0,35

Je nach der Beanspruchung der Flächen und Beschaffenheit des Schmiedewerkzeuges sowie der Preßbarkeit der zu verarbeitenden Legierung ist die Abnutzung der Werkzeuge verschieden. Um zu ermöglichen, daß die teueren

---

[1] Korrosionsvergleiche der verschiedenen Metalle und ihrer Legierungen sind aus den Korrosionstabellen von FR. RITTER, 3. Auflage 1952, Springer-Verlag, zu ersehen.

[2] Maßgeblich ist die neueste Auflage des betr. Normblattes, die vom Beuth-Vertrieb, Berlin W 15 und Köln, zu beziehen ist.

Werkzeuge wirtschaftlich ausgenutzt werden können, muß man sie häufiger nacharbeiten. Durch die Abnutzung und das Nacharbeiten vergrößern sich die Abmessungen der Formen, so daß man bei den hierin hergestellten Preßteilen mit einer Plustoleranz bis zu 0,3 mm für die Maße rechnen muß. Will man höhere Genauigkeiten an einzelnen Flächen erreichen, so muß man die Teile kalt nachschmieden. Hierbei ist die Abnutzung der Gesenke wesentlich geringer und auch das Nacharbeiten erübrigt sich, so daß man eine Genauigkeit von $+0{,}05$ mm erreichen kann.

Für das mehr oder weniger vollständige Auspressen der Flächen im Gesenk wird für Schmiedeteile auch eine Minustoleranz verlangt. Hierbei kann auch die Preßtemperatur beim Schrumpfen des Metalles eine Rolle spielen, obgleich durch die Einrechnung des Schwindmaßes das Schrumpfen schon berücksichtigt wurde. Ferner können sich auch Flächen im Werkzeug bei der hohen Beanspruchung stauchen, wodurch die Maße an den hergestellten Teilen unterschritten werden. Bei der Herstellung von Gesenkschmiedeteilen muß daher auch mit einer Minustoleranz von —0,3 gerechnet werden. Beim Kaltschmieden von Gesenkschmiedeteilen wird eine Genauigkeit von —0,05 mm erreicht.

Die angegebenen Abmaße von $\pm 0{,}3$ mm für Warmpreßteile und $\pm 0{,}05$ mm für kalt geschlagene Teile gelten nur für Abmessungen bis etwa 50 mm. Darüber hinaus vergrößern sich die Maßabweichungen[1] mit wachsenden Abmessungen etwa nach der Reihe $\pm \tfrac{1}{2}$ IT 13 bis $\pm \tfrac{1}{2}$ IT 14.

VII. Herstellung von Preßstangen und Gesenkschmiedeteilen.

Der Verlauf des Herstellungsganges von Gesenkschmiedeteilen in einem neuzeitlichen Betrieb ist etwa folgender:

In der Gießerei wird das Metall in der beabsichtigten Zusammensetzung in Schmelzöfen niedergeschmolzen. Verwendet werden gas- und ölgefeuerte oder auch elektrisch beheizte Schmelzöfen.

Ist der Einsatz niedergeschmolzen, wird der Ofen durch ein Schaltwerk gekippt und der Inhalt in eiserne Kokillen von 120···180 mm Durchmesser und 500 bis 800 mm Länge entleert. Die beim Gießen und Schmelzen entstehenden Dämpfe werden durch Hauben abgesaugt und in einen Schornstein geführt.

Die entstehende Schlacke wird zwar schon beim Gießen abgeschöpft; dennoch sammeln sich an dem Kopf des gegossenen Barrens noch viel Verunreinigungen, die nach seinem Erkalten abgeschnitten werden, damit für die weitere Verarbeitung nur wirklich einwandfreier Werkstoff vorhanden ist.

Für das Schmelzen von Al-Legierungen (neuerdings auch von Cu-Legierungen) werden im Dauerbetrieb die Preßbarren meist im Stranggießverfahren hergestellt. Abb. 18 zeigt das Stranggießen nach dem VLW-Wassergußverfahren.

Nun werden die Barren in einem besonders hierfür gebauten Durchlaufofen langsam und gleichmäßig auf Preßtemperatur gebracht.

Der erwärmte Barren wird zu einer Druckwasserpresse geführt und in die Preßkammer eingeschoben. Die Kammer ist auf der einen Seite durch eine Preßmatrize abgeschlossen, in der der Querschnitt der zu pressenden Stange eingearbeitet ist. Auf der anderen Seite befindet sich der Druckstempel, durch den das Material durch die Matrizenöffnung hindurchgepreßt wird.

---

[1] Die DIN-Blätter über Gestaltungsrichtlinien und Maßabweichungen von Preßteilen werden zurzeit bearbeitet und erscheinen in Kürze.

Die hierdurch entstehenden Stangen werden als rohe Preßstangen zur Weiterverarbeitung auf Drehbänken usw. verkauft oder auf Ziehbänken auf genaues Maß nachgezogen, um alsdann als Halbzeug Verwendung zu finden.

Bei der Verwendung zu Gesenkschmiedeteilen werden die rohen Preßstangen in Stücke zerschnitten, die für die Formverpressung als Rohlinge gelten. Die Abmessungen der Schmiederohlinge richten sich nach der Größe der hieraus herzustellenden Gesenkschmiedeteile.

Nun werden die Schmiederohlinge in Öfen, die neben den Pressen aufgestellt sind, auf die erforderliche Preßtemperatur erwärmt und mit der Zange einzeln in das Gesenk eingelegt. Der niedergehende Bär mit dem Obergesenk preßt den Schmiederohling in die Form, der überschüssige Werkstoff geht in den Schmiedegrat.

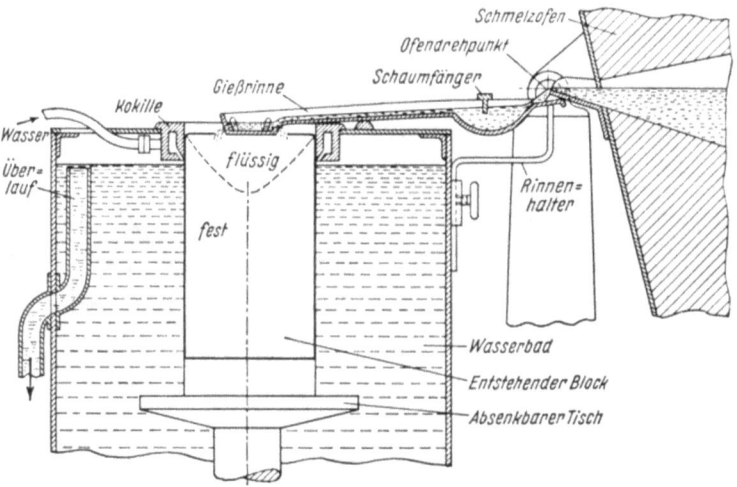

Abb. 18. Stranggießen von Al-Legierungen nach dem VLW-Wassergußverfahren *(Al-Taschenbuch; Düsseldorf: Aluminium-Verlag, 1954)*.

Nach der Abkühlung des Gesenkschmiedeteiles wird der Grat unter Exzenterstanzen entfernt, indem das Schmiedeteil in eine Schnittplatte eingelegt und von einem Stempel durch die Schnittöffnung hindurchgedrückt wird, wobei der Grat zurückbleibt. Vielfach wird auch der Grat durch Abstechen auf der Drehbank entfernt, wenn gleichzeitig Dreh- oder Bohrarbeiten vorzunehmen sind.

Vom Erwärmen im Glühofen her hat sich die Oberfläche der Gesenkschmiedeteile mit einer Oxydschicht überzogen, die durch Beizen mit einer Säure, z. B. für Messingteile Salpetersäure, entfernt wird.

Bevor die Teile zum Lager abgeliefert werden, durchlaufen sie noch eine Fertigkontrolle, bei der alle fehlerhaften Teile, die z. B. nicht ausgepreßt oder gerissen sind, ausgeschieden werden.

VIII. Maschinen für das Gesenkschmieden.

1. Strangpresse. *Strangpresse nach Alexander Dick* (Abb. 19). Die Strangpresse besteht aus einer Preßkammer, die durch eine Matrize, in der der Querschnitt des Preßprofils eingearbeitet ist, verriegelt wird. Der erwärmte Barren wird in die Kammer geschoben und das Metall durch den mit Druckwasser betriebenen Preßkolben durch die Matrize als Stangen herausgepreßt. Um stets einen gleichmäßigen Druck zu haben und um die Pumpe nach dem mittleren Verbrauch bemessen zu können, wird das Druckwasser mit einem Druck bis zu 375 at von einer besonderen Pumpenanlage in einen Vorratsbehälter (Akkumulator) gepumpt, aus dem es die Presse entnimmt. Die Kraftleistungen des Preßkolbens betragen 500—15000 t, wobei die erwärmten Barren mit spez. Drücken bis zu 11000 kg/cm² durch die Matrize gedrückt werden.

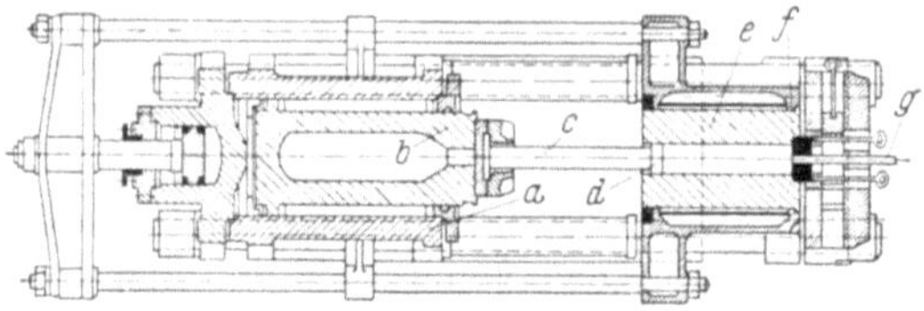

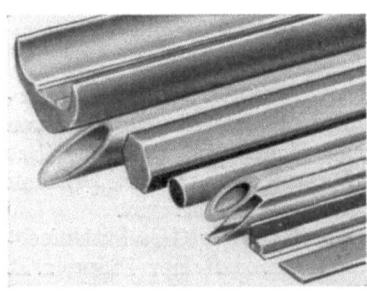

Abb. 19. Strangpresse nach DICK. *a* Druckwasserzylinder, *b* Druckwasserkolben, *c* Preßkolben, *d* Preßscheibe, *e* Preßzylinder, *f* Matrize, *g* Matrizenhalter.

Beim Preßvorgang fließt der Stoff fast ausschließlich aus dem Inneren des Barrens heraus durch die Matrize. Zurück bleibt die Gußhaut der Außenfläche und die frühzeitig an der Außenwand abgekühlte Schicht. Hierdurch entstehen erhebliche Preßreste, die 20···30% des Barrenkörpers ausmachen.

2. **Preßprofile** (Abb. 20 u. 21). Die gepreßten Stangenprofile sind meistens rund, oval oder rechteckig, da sich diese Formen am besten in der Matrize nacharbeiten lassen. Je nach dem Verwendungszweck werden aber auch schwierige Profile gepreßt, deren Abschnitte als Rohlinge für Preßteile verarbeitet oder die als Stangen auf Ziehbänken kalt nachgezogen werden und als Leisten und Rahmenteile usw. Verwendung finden.

3. **Abschneidemaschinen.** Die Preßstangen werden auf Kreissägen mit Hand- oder selbsttätigem Vorschub zu Schmiederohlingen zerschnitten.

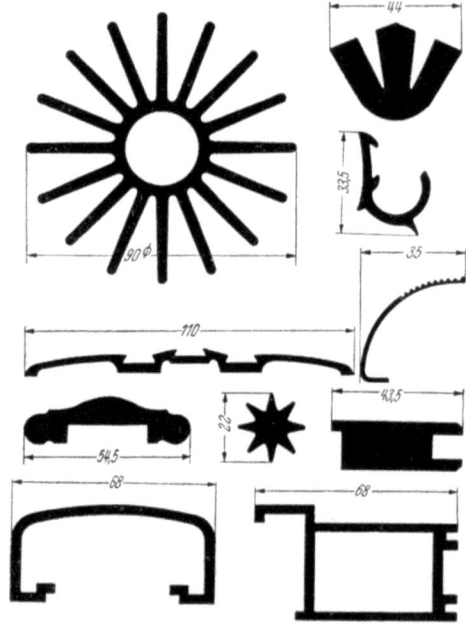

Abb. 20. Stangen, Rohre, Profile usw. aus Kupfer, Messing, Aluminium und Sonderlegierungen, in verschiedenen Abmessungen, gepreßt und gezogen. (*Robert Bosch GmbH, Metallwerke, Stuttgart-Feuerbach.*)

Abb. 21
Profile von gepreßten Stangen (*VDM*).

Als handbetätigte Maschinen kann man gewöhnliche Handhebel-Fräsmaschinen verwenden, bei denen das Sägeblatt auf der Frässpindel befestigt ist. Die Stange wird durch ein Klemmfutter auf dem Tisch festgehalten. Die Länge des Rohlings wird durch einen Anschlag eingestellt, gegen den die Stange von Hand geschoben wird. Es können unter Umständen auch mehrere Rohlinge zu gleicher Zeit abgeschnitten werden.

Beim Zerschneiden von Messing und Aluminium wird oft als Kühlmittel wasserlösliches Bohröl verwendet. Außerdem muß Vorsorge getroffen werden, daß die beim Schneiden entstehenden Späne durch starke Spülung entfernt werden, weil sie sonst an den Rohlingen festkleben und mit eingeschmiedet werden, wodurch die Oberfläche der Gesenkschmiedeteile unansehnlich wird. Vielfach werden die Späne auch nach dem Schneiden in besonderen Wascheinrichtungen entfernt.

4. Öfen zum Erwärmen der Schmiederohlinge. Die Schmiederohlinge werden in kleinen Muffelöfen erwärmt, die durch Gas, Öl und auch elektrisch geheizt sind.

Im allgemeinen erhält jede Presse ihren Ofen, der so bemessen ist, daß nach der Größe der Presse stets genügend Rohlinge erwärmt werden können. Da die Preßdauer zur Fertigung der Schmiedeteile verschieden ist, empfiehlt es sich, unter Umständen auch zwei kleinere Öfen aufzustellen, um zu vermeiden, daß bei einem zu großen Ofen die Rohlinge zu lange erwärmt werden müssen und dabei eine zu starke Oxydschicht ansetzen.

Öfen mit einer geschlossenen Muffel werden hauptsächlich zum Erwärmen von Leichtmetallen verwendet. Die Temperatur wird durch Pyrometer überwacht.

Für Messing werden vielfach gasbeheizte Öfen verwendet, bei denen die Rohlinge in der offenen Flamme erwärmt werden. Um die Wärme der Abgase auszunützen, werden die Rohlinge von oben durch eine Klappe eingeschüttet und rutschen von hinten her in die Muffel, wodurch die Abgase die Rohlinge vorwärmen (Abb. 22). Die Verbrennungsluft wird dem Ofen durch ein darunter angebrachtes Gebläse zugeführt.

Bei der Einrichtung der Öfen ist stets zu beachten, daß das feuerfeste Schamottematerial, mit dem die Muffeln meist ausgelegt sind, nicht abbröckelt, da es sonst an dem Schmiederohling anhaftet und mit eingepreßt wird. Dadurch ergeben sich bei der Weiterverarbeitung der Schmiedeteile

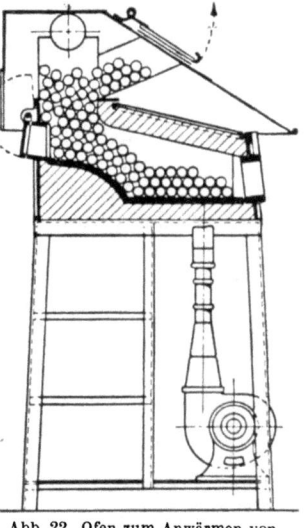

Abb. 22. Ofen zum Anwärmen von Rohlingen.

durch spanabhebende Werkzeuge große Schwierigkeiten, weil die Schneidwerkzeuge bei der Berührung mit Schamotte schnell stumpf werden.

Vorsichtiges Einschütten der Schmiederohlinge in den Ofen und Vermeidung von Bestoßung der Schamotteausmauerung ist deshalb sehr wichtig. Abgebröckelte Schamotte ist durch häufiges Ausblasen des Ofens oder durch Abwischen der Rohlinge zu entfernen.

Neuerdings hat man die Öfen mit feuerfesten Stahlblechen (Chromnickelstahl) ausgelegt, wodurch die Rohlinge mit der Schamotte nicht mehr in Berührung kommen.

5. Maschinen zum Gesenkschmieden. Zum Formschmieden von Metallteilen finden Verwendung:

1. Fallhämmer
2. Reibtrieb- oder Spindelpressen
3. Kurbel- und Exzenterpressen
4. Druckwasserpressen
5. Kniehebelpressen.

Der *Fallhammer*, der in der Eisenindustrie zum Schmieden von Teilen im Gesenk in großem Umfange Verwendung gefunden hat, hat sich bei der Verarbeitung von Nichteisenmetallen, besonders beim Pressen von Messingteilen, nicht einführen können. Obgleich man beim Fallhammer die zur Formgebung erforderliche Schlagarbeit durch die Hubhöhe des Bären genau einstellen kann, zeigt es sich, daß sie zum Auspressen von Teilen, die im Gesenk tiefer eingearbeitet sind, meist nicht ausreicht. Die Ursache liegt darin, daß infolge der hohen Bärgeschwindigkeit bei der Formgebung wohl eine Breitenwirkung, weniger aber eine Tiefenwirkung im Unterteil des Gesenkes erzielt wird. Beim Formschmieden von Nichteisenmetallen, besonders bei Messing, muß der Werkstoff bei einem Niedergang des Bären die Form vollständig ausfüllen, weil sonst die Preßtemperatur des Werkstoffes so stark abgefallen ist, daß er nur noch eine geringe Bildsamkeit besitzt, oder aber, daß, wie es bei Messing der Fall ist, die Temperatur in das Gebiet der Warmsprödigkeit kommt ($5 \cdots 600°$), wodurch die Schmiedeteile leicht Risse erhalten. Die Verringerung der Schmiedegeschwindigkeit beim Fallhammer muß durch eine Erhöhung des Bärgewichtes ausgeglichen werden, was jedoch nur beschränkt möglich ist.

Um Gesenkschmiedeteile aus Nichteisenmetallen herzustellen, muß der Werkstoff bei nicht zu hoher Schmiedegeschwindigkeit durch einen prägenden Schlag verformt werden. Hierzu eignet sich besonders die *Reibtrieb- oder Spindelpresse*. Sie besteht in der Hauptsache aus einem Rahmen, in dessen oberem Querstück sich eine Spindel bewegt, an der unten der Bär sitzt. Auf der Spindel ist die Schwungscheibe befestigt, die durch eine der beiden seitlich angeordneten Reibscheiben gedreht und dadurch abwärts und durch Anpressen der anderen Reibscheibe wieder aufwärts bewegt wird. Die Maschine läßt sich zum Gesenkschmieden fast sämtlicher Formteile verwenden, da sie einen verhältnismäßig großen, einstellbaren Hub hat, wodurch sich auch hochgebaute Werkzeuge aufspannen lassen.

Die Bärgeschwindigkeit hat beim Auftreffen des Gesenkes auf den Schmiederohling einen Höchstwert erreicht. Die Verformungsenergie des Bären wird aber noch erheblich und nachhaltig verstärkt durch die Energie der bewegten Masse des Schwungrades, so daß ein prägender Schlag erzielt wird. Das ergibt bei der Formgebung neben einer guten Breitenwirkung auch die erforderliche Tiefenwirkung, die zum Ausschmieden der meisten Gesenkschmiedeteile nötig ist.

Bei der Reibtriebpresse erweist sich die Abhängigkeit der Schlagstärke von der Bedienung durch den Arbeiter als ein Nachteil, der besonders bei der Abnutzung der Werkzeuge zum Ausdruck kommen kann. Da der Bär durch das Anpressen der Reibscheibe an das Schwungrad in Bewegung gesetzt wird, ist die Geschwindigkeit davon abhängig, ob der Arbeiter die Scheiben an das Schwungrad stark genug anpreßt. Durch den Einbau von Federn und Anschlägen kann man den Anpressungsdruck annähernd gleichmäßig halten. Aber selbst bei gleichem Druck wird der Schlupf zwischen der Reibscheibe und dem Schwungrad immer noch von der Beschaffenheit der Bandage abhängig sein, so daß die Schlagstärke der Spindelpressen nie als ganz gleichmäßig angesehen werden kann.

Um diesem Mangel abzuhelfen, hat man vielfach *Kurbel- und Exzenterpressen* verwendet. Hier ist die Führung des Bären zwangläufig, der Arbeiter hat nur die Maschine einzurücken, so daß alle eingelegten Preßrohlinge gleichmäßig in die Form gepreßt werden. Ist jedoch der eingelegte Rohling zu stark oder wird er nicht richtig in die Form eingelegt, so würde das Werkzeug oder die Maschine brechen, wenn nicht ein Sicherheitsglied in Form eines Brechtopfes, Scherstiftes, Feder- oder Öldruckreglers eingebaut wäre. Diese Sicherheitsvorrichtungen machen vielfach Schwierigkeiten und geben zu Reparaturen Veranlassung, wodurch Arbeitsausfall hervorgerufen wird.

Der geringe Hub der Kurbel- und Exzenterpressen und die geringe Preßgeschwindigkeit des Bären im Augenblick des Auftreffens haben den Maschinen keine allgemeine Verwendung zum Warmpressen gegeben; sie werden nur für kleinere und mittlere Teile, die keiner großen Verformung bedürfen, benutzt.

Für schwere Gesenkschmiedeteile hat sich auch die *Kniehebelpresse* bewährt. Der Vorteil dieser Maschine liegt darin, daß man sehr hohe Preßdrücke erreichen kann.

Die *Druckwasserpresse* hat sich wegen ihrer geringen Preßgeschwindigkeit zum Warmpressen von Messingteilen bisher nicht allgemein einführen lassen, da die eingelegten Schmiederohlinge sich abkühlen, ehe sie völlig die Form ausfüllen. Nur zum Gesenkschmieden von schwerbildsamen Werkstoffen, z. B. Al- und Mg-Legierungen, die nur bei einer geringen Preßgeschwindigkeit verformt werden können und bei denen infolge der niedrigen Preßtemperatur das Preßmaterial sich nicht so schnell abkühlt, hat diese Maschine größere Bedeutung erlangt. Die Höhe der Druckkraft kann leicht eingestellt werden, so daß die Gesenke nicht überbeansprucht zu werden brauchen.

Bei der Wirtschaftlichkeit der Druckwasserpressen ist stets zu beachten, daß die Erzeugung des Druckwassers sehr teuer ist, zumal, wenn es für größere Anlagen erzeugt werden muß.

Die Wirkungsweise der zum Gesenkschmieden verwendeten Maschinen in kinematischer Beziehung zeigt eine Gegenüberstellung (Abb. 23) bei gleichem Hub und gleicher Geschwindigkeit beim Auftreffen auf das Schmiedestück.

Beim freifallenden Hammer nimmt die Geschwindigkeit (v) die Form einer Parabel an, während die Beschleunigung (p) als Erdbeschleunigung gleichbleibt.

Bei der Reibtriebpresse sind zwei Stufen der Geschwindigkeit festzustellen, eine vom Beginn der Bewegung bis zu dem Punkte, wo die Reibscheibe vom Schwungrad abgehoben wird und die andere von hier bis zum Auftreffen auf das Schmiedestück.

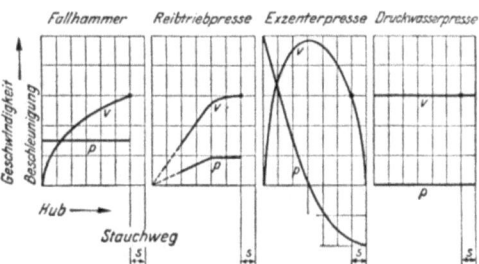

Abb. 23. Kinematik der Maschinen zum Gesenkschmieden. v Geschwindigkeit, p Beschleunigung.

Die Geschwindigkeit verläuft gradlinig unter einem Winkel, der sich aus der Konstruktion der Maschine ergibt, bis zum Abheben der Reibscheibe und von da in flacher Parabel des freien Falles auf schiefer Ebene. Die Beschleunigung verläuft ähnlich wie die Geschwindigkeit, nur daß sie einen kleineren Winkel bildet; und nach dem Abheben der Reibscheibe verläuft sie waagerecht als Beschleunigung des freien Falles auf schiefer Ebene.

Bei der Exzenter- und Kurbelpresse sowie bei der Kniehebelpresse sind die Bewegungsvorgänge durch den Kurbeltrieb festgelegt. Die Geschwindigkeit hat ihren Höchstwert voreilend bei einer Umdrehung im ersten Quadranten, nimmt dann im zweiten wieder auf Null ab. Die Beschleunigung hat beim Beginn der Geschwindigkeit einen Höchstwert, um beim Höchstwert der Geschwindigkeit in eine Verzögerung überzugehen, die ihre Höchstgrenze beim Hubende erreicht. Bei der Kniehebelpresse nehmen die Kurven einen steileren Verlauf, wodurch eine große Kraftwirkung in der Endstellung des Bärs möglich ist.

Die Kinematik der Druckwasserpresse ist sehr einfach, weil die Geschwindigkeit gleichbleibt und eine Beschleunigung nicht vorhanden ist.

6. Abgratmaschinen. Die Entfernung des beim Gesenkschmieden entstehenden Grates geschieht meistens unter Exzenterpressen, jedoch wird auch bei runden Teilen der Grat auf der Drehbank abgestochen, wenn doch gedreht und gebohrt werden muß.

Die Preßleistung der zum Abgraten erforderlichen Exzenterpressen richtet sich nach dem Umfang des abzugratenden Stückes und nach der Stärke des Preßgrates. Im allgemeinen genügen Exzenterpressen von 25···135 t Druckleistung.

Der Hub soll zwischen 60 und 150 mm verstellbar sein, damit man Gesenkschmiedeteile von verschiedenen Formen abgraten kann. Auch ist der große Hub für Schabeschnitte erforderlich, bei denen zwei und mehr Schnittplatten untereinander angebracht sind und der Stempel durch sämtliche Schnittplatten hindurchgehen muß. Zuletzt ist ein genügend weiter Hochgang des Stempels von Vorteil beim Einlegen der Gesenkschmiedeteile in die Schnittplatte.

Um an den Exzenterpressen beim Abgraten der Gesenkschmiedeteile Unfälle zu verhüten, erhalten die Arbeiter zum Einlegen der Teile Zangen und Pinzetten. Außerdem hat jede Maschine eine Sicherheitseinrichtung, die meistens so durchgebildet ist, daß beide Hände die Einrückhebel niederdrücken müssen, um die Maschine einzuschalten.

Zum Abgraten einer großen Anzahl gleicher Gesenkschmiedeteile werden vielfach Exzenterpressen mit Rundtisch und Revolverzuführung verwendet, bei denen der Arbeiter die Teile nur in die Schnittplatte einzulegen hat. Die Revolverbewegung führt die Teile dann selbsttätig unter den Stempel.

7. Einrichtung zum Beizen der Gesenkschmiedeteile. Vom Erwärmen im Glühofen her sind die Gesenkschmiedeteile mit einer Oxydschicht überzogen, die durch Beizen mit Säure beseitigt werden kann[1].

Die Gesenkschmiedeteile aus Messing, Kupfer und Zink werden in Aluminiumkörbe verpackt und zunächst in reiner Salpetersäure gebeizt. Nach dem Abspülen in kaltem Wasser kommen sie in die sogenannte Blankbrenne, ein Gemisch von: Salpetersäure (1 l), Schwefelsäure (1 l), Salzsäure (20 cm³), Glanzruß (10 g). In dieser Beize erhalten die Teile ihre glänzend metallische Farbe.

Aluminium-Gesenkschmiedeteile werden in Natronlauge abgelaugt und in 10%iger Salpetersäure neutralisiert.

Teile aus Magnesium-Legierungen werden in verdünnter Salpetersäure mit einem Zusatz von Bichromat gebeizt.

Beim Aufbau der Beizeinrichtung muß dafür gesorgt werden, daß die beim Beizen frei werdenden giftigen nitrosen Gase und auch Säurespritzer die Arbeiter nicht belästigen. Es sind deshalb die Beiz- und Waschgefäße nach Möglichkeit in einem besonderen Raum oder hinter einer Schutzwand aus Glas aufzustellen. Der Arbeiter kann dann geschützt die Beiz- und Waschgefäße mit dem Beizgut versehen und den Beizvorgang beobachten. Die Beiz- und Waschgefäße sind außerdem durch Hauben mit selbsttätig schließenden Deckeln abgedeckt, und die Gase werden von hier aus durch Exhaustoren abgesaugt und in Niederschlagstürmen durch fein verteiltes Wasser niedergeschlagen.

Die Abwässer aus den Niederschlagstürmen müssen durch Kalk neutralisiert werden, bevor sie in die Kanalisation abgeleitet werden können.

IX. Gestaltung von Gesenkschmiedeteilen.

Für die Gestaltung lassen sich folgende allgemeine Grundsätze aufstellen:
1. Beim Gesenkschmiedeteil müssen scharfe Kanten möglichst vermieden werden, da sie für das Schmiedeteil selbst und auch für das Gesenk von schädlichem Einfluß sind. Der Werkstoff wird beim Fließen um eine scharfe Ecke des Gesenkes leicht unganz und bildet beim Rückstauchen eine Falte. Ist dagegen der Querschnitt nicht scharf abgesetzt, sondern der Übergang abgerundet, so breitet sich

---
[1] Vgl. Werkstattbuch Heft 9: BARTHELS, Rezepte für die Werkstatt.

der Werkstoff allmählich zu dem starken Querschnitt aus und läßt sich dann ohne Faltenbildung zurückstauchen.

Die scharfe Kante im Gesenk nutzt sich beim Schmieden schnell ab, d. h. sie nimmt die Form an, die für das Fließen des Werkstoffes am günstigsten ist, so daß auf die Dauer die beabsichtigte scharfe Kante im Gesenkschmiedeteil doch nicht erzielt werden kann.

2. Sämtliche Flächen, die in der Schmiederichtung des Gesenkes liegen, müssen schräg gehalten werden, damit die Teile sich auf einfache Weise der Form entnehmen lassen.

Die Innenabschrägung ist bei Hohlkörpern deshalb erforderlich, weil der Werkstoff auf den Stempel aufschrumpft und bei zu geringer Abschrägung nur mit einer besonderen Abzieheinrichtung, die im Werkzeug angebracht sein müßte, abgezogen werden könnte.

Dem Gesenkschmiedeteil ist auch eine gewisse Außenabschrägung zu geben, weil sich das Gesenk leicht etwas staucht und sich das Schmiedeteil sonst nur schwer aus der Form herausnehmen läßt.

3. Die Wanddicken sollen zur Preßfläche und Preßhöhe in einem gewissen Verhältnis stehen, damit der Preßwerkstoff leicht fließen kann. Starke Querschnittsvergrößerungen in Fließrichtung des Werkstoffs sind zu vermeiden, denn hier würde sich die bereits erwähnte Faltenbildung in erhöhtem Maße zeigen. Der Werkstoff könnte beim Schmieden, da die Schweißtemperatur nicht erreicht wird und sich außerdem eine Oxydschicht durch das Erwärmen gebildet hat, später nicht wieder zusammenfließen, wodurch die Unganzheit der Stücke unvermeidlich würde.

Beim Schmieden von Rippen soll die Wanddicke ebenfalls in einem bestimmten Verhältnis zur Höhe stehen, weil sonst der Werkstoff nicht ausfließt und auch bei Rückstauchen sich Falten bilden können.

4. Häufig werden Metallteile so konstruiert, daß sie auch als Gesenkschmiedeteil eine Unterschneidung aufweisen, d. h. die Teile sind in Schmiederichtung „unter sich" gearbeitet.

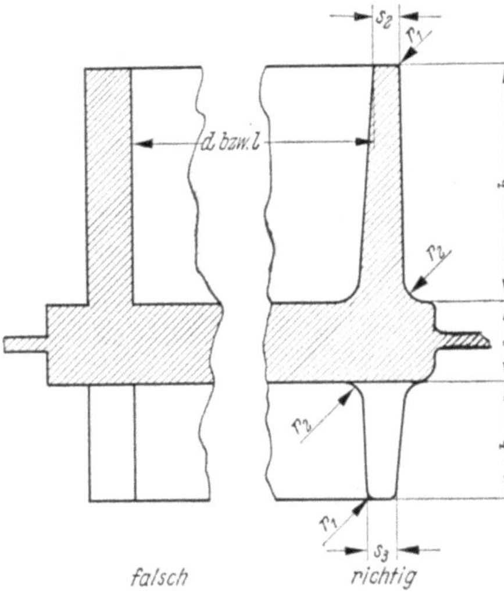

Abb. 24. Schema über Konstruktionsgesichtspunkte.

Während beim Gießen dies geringe Schwierigkeiten bereitet, indem ein Kernstück in die Form eingesetzt wird, ist die Einarbeitung beim Schmieden sehr umständlich und mühsam. Es müssen besondere Einsatzstücke im Gesenk angebracht werden, die sich beim Niedergehen des Bären seitlich in das Material eindrücken müssen. Nach dem Auspressen der Teile müssen diese Einsatzstücke meist unter Kraftanwendung wieder aus dem Schmiedestück entfernt werden. Die Handhabung der Einsatzstücke ist häufig schwierig und zeitraubend, wodurch die Gesenkschmiedeteile sich in der Herstellung verteuern. Auch werden die Werkzeuge infolge ihrer besonderen Durchbildung sehr umfangreich und teuer.

Man soll deshalb beim Gesenkschmieden die Unterschneidungen nach Möglichkeit vermeiden und sie besser durch Spanabnahme nachträglich ausarbeiten.

In Abb. 24 ist im Schema die falsche und richtige Konstruktion eines Gesenkschmiedeteiles gezeigt.

Gestaltung von Gesenkschmiedeteilen.

Die nachfolgenden Angaben sind im wesentlichen dem Blatt DIN 9005 (vgl. Fußnote zu Tabelle 1) entnommen. Sie gelten für Al und Al-Legierungen und schwerschmiedbare Cu-Legierungen bei einfachen Gesenkschmiedeteilen. Bei Messing sind günstigere Werte in Ausnahmefällen möglich.

a) *Rundungen mindestens:*

Al und Al-Leg.[1]	h mm	bis 4	5—10	11—25	26—40	41—63	64—100	>100
	r_1 mm	1,6	1,6	2,5	4	6	10	16
	r_2 mm	2,5	4	6	10	16	20	25

[1] Bei Messing können r_1 und r_2 bis 50% kleiner ausgeführt werden.

b) *Seitenschrägen:*

h_1 mm	Aluminium, Al-Legierungen u. schwerschmiedbare Cu-Leg.		Messing	
	außen	innen	außen	innen
bis 63	1:20	1:10	1:100	1:50
über 63	1:10	1:6		

Lassen sich Ausstoßer und Abstreifer verwenden, so können Außen- und Innenschrägen bis auf ∼1° verkleinert werden, jedoch nur bei nicht zu großen und vorwiegend runden Stücken.

c) *Wanddicken:*

1. Boden- und Flanschdicke in Schmiederichtung.

Fläche quer zur Schmiederichtung	mm	bis 25	über 25 bis 40	über 40 bis 63	über 63 bis 125	über 125 bis 250	über 250 bis 500
Länge l höchstens	mm	100	140	200	315	500	800
Dicke s_1 mindestens	mm	2	2,5	3	4	5	6

2. Seitenwanddicken quer zur Schmiederichtung.

h_1	mm	bis 10	über 10 bis 14	über 14 bis 20	über 20 bis 32	über 32 bis 50	über 50
s_2[1] mindestens	mm	2	2,5	3	4	5	6

[1] Dicken s_2 können nur bei gleichmäßiger und symmetrischer Form eingehalten werden.

d) *Rippen:*

h_2	mm	bis 4	über 4 bis 6	über 6 bis 10	über 10 bis 15	über 15 bis 25	über 25 bis 50
s_3 mindestens	mm	2	2,5	3	4	5	6

X. Grundarten des Warm-Gesenkschmiedens.

Bei dem Gesenkschmiedeverfahren lassen sich drei Grundarten unterscheiden, die wiederum in verschiedenen Verbindungen auftreten können.
1. Schmiege- oder Quetschverfahren.
2. Stauchverfahren.
3. Spritzverfahren.

a) Das *Schmiegeverfahren* (Abb. 25) ist dadurch gekennzeichnet, daß das Rohmaterial sich in die Form schmiegt, ohne daß Stoffanhäufungen, die die Abmessungen des Rohlings überschreiten, auftreten. Um zum Beispiel einen Kabelschuh zu pressen, legt man den Rohling der Länge nach auf das untere Gesenk und preßt mit dem Obergesenk das Material in die Form.

b) Beim *Stauchverfahren* (Abb. 26) wird der Werkstoff an einer bestimmten Stelle angehäuft. Auch hier kann, je nach dem er-

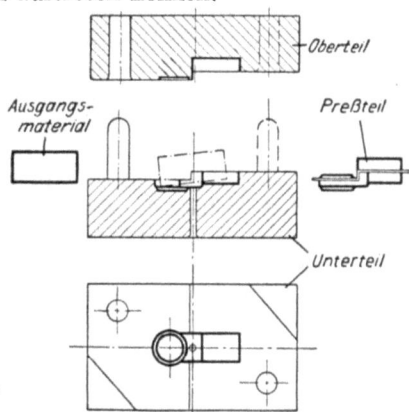

Abb. 25. Schmiege- oder Quetschverfahren.

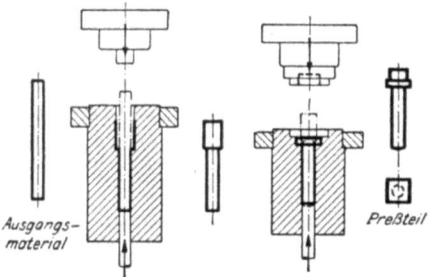

Abb. 26. Stauchverfahren.

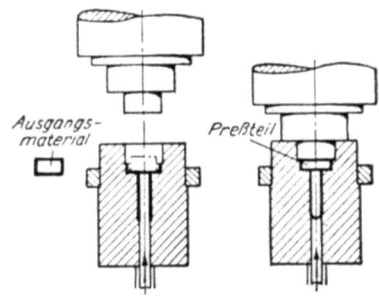

Abb. 27. Spritzverfahren bei der Herstellung eines Zapfens.

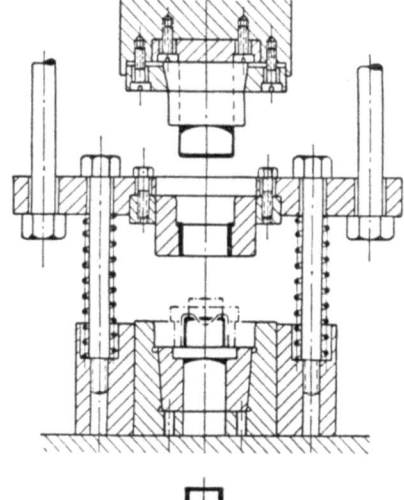

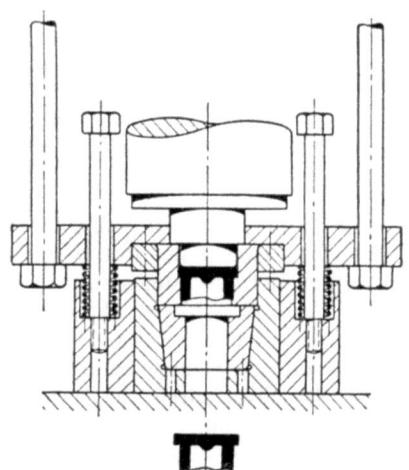

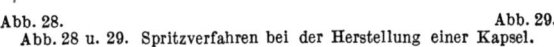

Abb. 28.   Abb. 29.
Abb. 28 u. 29. Spritzverfahren bei der Herstellung einer Kapsel.

forderlichen Stauchquerschnitt, das Stück in einem oder mehreren Schmiedegängen hergestellt werden. Abb. 26 zeigt eine Schieberspindel, bei der ein stärkerer Bund angestaucht wird.

c) Das *Spritzverfahren* wird, ins Große übertragen, auch bei der Erzeugung von Stangen auf der Strangpresse verwendet (Abb. 27). Es wäre unwirtschaftlich, einen ungewöhnlich großen Kopf nach dem Stauchverfahren aus einem schwachen Querschnitt herzustellen, da hierzu viele Stauchungen nötig wären. Dagegen genügt beim Spritzverfahren ein einziger Arbeitsgang, wobei der Werkstoff des Rohlings beim Niedergang des Stempels durch eine Öffnung im Untergesenk hindurchgedrückt bzw. in diese Öffnung hineingespritzt wird.

Ähnlich wird beim Herstellen einer Kapsel (Abb. 28 u. 29) durch Einlegen des Werkstoffes in eine Kammer, die durch den niedergehaltenen Mittelteil und Unterteil des Gesenkes gebildet ist, der Werkstoff durch den niedergehenden Stempel in eine zylindrische Form nach unten gedrückt.

XI. Herstellungsbeispiele.

An folgenden Beispielen soll die Herstellung von Warmpreßteilen nach den verschiedenen Grundarten gezeigt werden. Hierbei soll die Herstellungsart nicht als die einzig richtige angesehen werden, sondern die Beispiele sollen nur zeigen, wie man in der Praxis vorgegangen ist.

1. Quetschverfahren.

a) Aus Cu-Legierungen sind in Einfachschmiedung die Teile Abb. 30···35 hergestellt.

Die Stärke der Stangenabschnitte (Schmiederohling) richtet sich nach dem Werkstoffbedarf des größten Querschnittes des Schmiedestückes. Das überflüssige Material fließt in den Grat, der in einem Abgratschnitt auf einer Exzenterpresse entfernt wird.

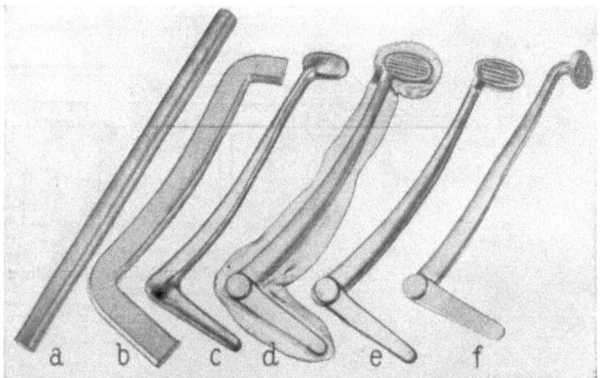

Abb. 41 a—f. Herstellungsgang eines sperrigen Al-Gesenkschmiedestückes (*VDM*). *a* Bolzen absägen, *b* biegen und flachdrücken, *c* vorschmieden und entgraten, *d* fertigschmieden, *e* entgraten, *f* biegen und verdrehen. Danach: vergüten, schleifen, beizen, kontrollieren.

b) Aus Al-Legierungen sind in Einfachschmiedung die Teile Abb. 36···40 gefertigt.

Bei Abb. 39 ist zu beachten, daß das Fließen des Grates an der Stelle des schwachen Hebelteiles durch Einkerbungen im Gesenk erschwert wird, um das Ausschmieden des Auges zu erreichen.

In Abb. 40 wird der Rohling durch Umbiegen an die Gesenkform angepaßt. Anschaulich zeigt die Abb. 41 in Mehrfachschmiedung die Herstellungsfolge eines sperrigen Schmiedestückes aus einer Al-Legierung.

2. Stauchverfahren.
a) Aus Cu-Legierungen sind in Einfachschmiedung nach dem Stauchverfahren die Teile der Abb. 42···50 hergestellt.

Zur richtigen Verteilung des Werkstoffes für den Schmiederohling wird bei Abb. 49 ein Preßprofil verwendet, aus dem Abschnitte in der erforderlichen Stärke abgeschnitten werden.

Stauchverfahren.

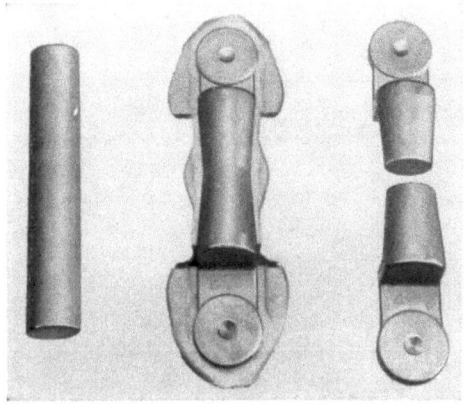

Abb. 30. Kabelschuh *(VDM)*.

Abb. 31. Verteilerschuh
(Hansa-Metallwerke A.G., Stuttgart-Möhringen).

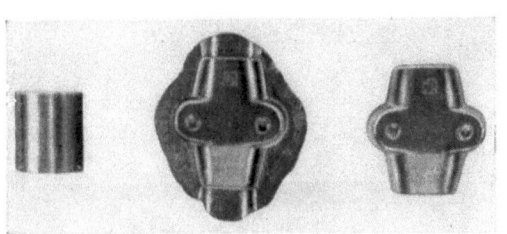

Abb. 32. Klemme *(VDM)*.

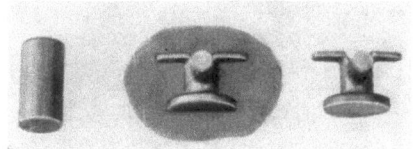

Abb. 33. Sockel *(Hansa)*.

Abb. 34. Abzweigstutzen *(Hansa)*.

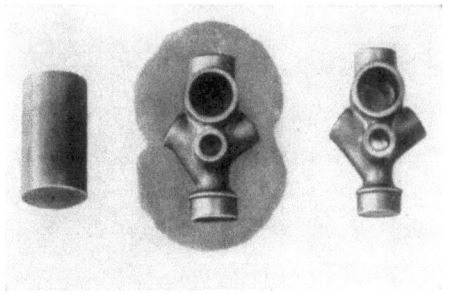

Abb. 35. Verteilergehäuse *(Hansa)*.

Herstellungsbeispiele.

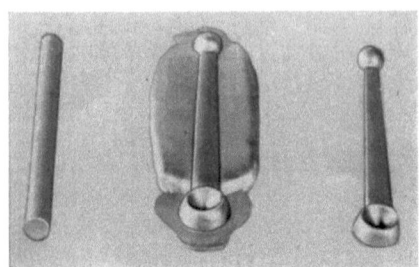

Abb. 36. Bedienungshebel *(Bosch)*.
Al-Mg-Si, Gew. roh 158 g, fertig 68 g.

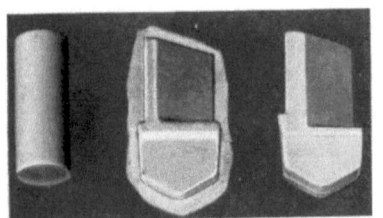

Abb. 37. Haltestück *(Hansa)*.

Abb. 38. Ventilgehäuse *(Bosch)*.
A-Mg-Si, Gew. roh 645 g, fertig 605 g.

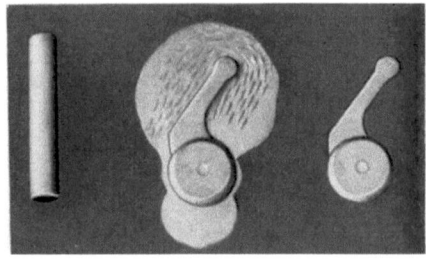

Abb. 39. Hebel *(Hansa)*.

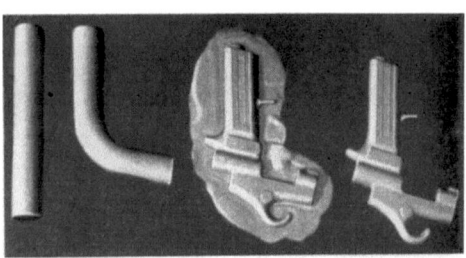

Abb. 40. Griffstück *(Hansa)*.

Spritzverfahren.

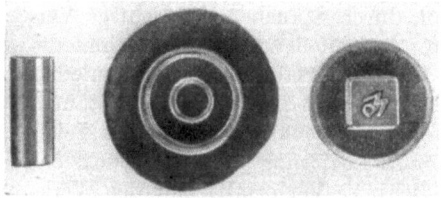

Abb. 42. Kappe *(VDM)*.

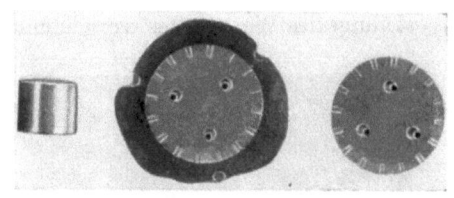

Abb. 43. Rasterscheibe *(VDM)*.

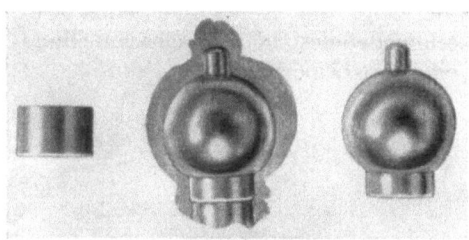

Abb. 44. Abschlußplatte *(VDM.)*

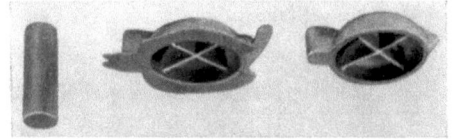

Abb. 45. Deckel *(Hansa)*.

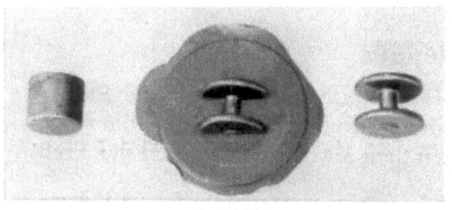

Abb. 46. Rolle *(Hansa)*.

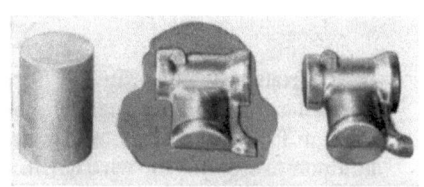

Abb. 47. Gasgehäuse *(Bosch)*.
Ms 58, Gew. roh 1160 g, fertig 980 g.

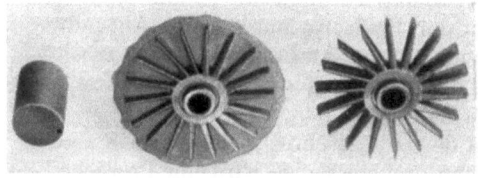

Abb. 48. Radscheibe *(Hansa)*.

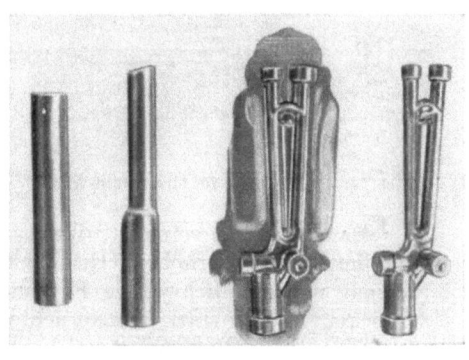

Abb. 49. Manometergehäuse *(Bosch)*.
Ms 58, Gew. roh 178 g, fertig 157 g.

Abb. 50. Ventilkörper *(VDM)*.

Peter, Nichteisenmetalle, 2. Aufl.

In Abb. 50 ist zunächst in einem Vorgesenk durch Stauchen die richtige Verteilung des Werkstoffes vorgenommen worden. Anschließend wird das Schmiedeteil im Quetschverfahren fertiggeschmiedet.

b) Abb. 51 zeigt in mehrfachem Stauchverfahren das Gesenkschmieden eines Teiles aus einer Al-Legierung, das mit Rücksicht auf die schwere Verformbarkeit des Werkstoffes in mehreren Arbeitsgängen durchgeführt werden muß.

3. **Spritzverfahren.** Der Löt-Stutzen Abb. 52 zeigt die Herstellung eines Gesenkschmiedeteiles in Einfachschmiedung aus einer Cu-Legierung.

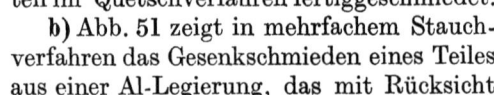

Abb. 51. T-Formstück *(Hansa)*.
Schwierig zu schmiedende Al-Legierung.

Abb. 52. Lötstutzen *(Bosch)*.
Ms 58, Gew. roh 290 g, fertig 221 g.

XII. Werkzeuge.

1. Preßwerkzeuge für die Strangpresse. Das Hauptwerkzeug für die Strangpresse ist die Preßmatrize. Sie besteht aus einer zylindrischen Scheibe, die außen schräge Flächen besitzt, mit denen sie zwischen dem Matrizenhalter und der Preßkammer festgehalten wird (Abb. 53).

Der Matrizenhalter mit der Matrize wird beim Pressen verriegelt, und durch Verschieben der Preßkammer um etwa 10 mm wird sie fest mit der Matrize verbunden (vgl. Abb. 19 S. 22).

Das zu pressende Profil wird in die Preßmatrize auf etwa 20 mm Tiefe von der Preßseite aus eingearbeitet, erhält an der Preßseite nur geringe Abrundung und wird an der Auslaufseite frei gearbeitet, damit der Werkstoff der Preßstange frei abfließen kann.

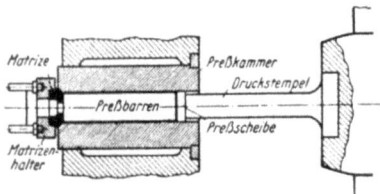

Abb. 53. Preßwerkzeug für Strangpresse Abb. 19.

Vor den Druckstempel, der schwächer als der Kammerdurchmesser ist, wird eine Preßscheibe gelegt, die sich passend in der Kammer führt.

Als Werkstoff für die Preßmatrizen und die Preßkammer werden Warmarbeitsstähle verwendet, die auf $110 \cdots 150$ kg/mm² Festigkeit vergütet sind.

Man hat auch versucht, durch den Einsatz von Hartmetall die Leistung der Preßmatrizen zu erhöhen. Erfolge konnten aber nur bei einfachen Formen (rund) erzielt werden. Schwierige Formen (Profile) lassen sich schwer herstellen und bröckeln an den stark beanspruchten Stellen leicht aus.

Wenn beim Pressen, zumal bei den Legierungen über 63% Cu, das Profil der Preßmatrize zusammengedrückt wird, was öfter vorkommt, muß es mit einem Dorn wieder kalt aufgetrieben werden.

Die Preßleistung der Matrize richtet sich nach der Art des Profiles und der Preßbarkeit des zu verpressenden Werkstoffes. Bei Rundprofilen werden für gut preßbare Legierungen ($\alpha+\beta$ Messinge) durchschnittlich 5000 Pressungen mit einer Matrize erreicht.

2. Gesenke für das Gesenkschmieden[1].

Es sind zu unterscheiden: einteilige, zweiteilige und dreiteilige Gesenke, die je nach der Form des Schmiedeteiles offen oder geschlossen ausgeführt werden.

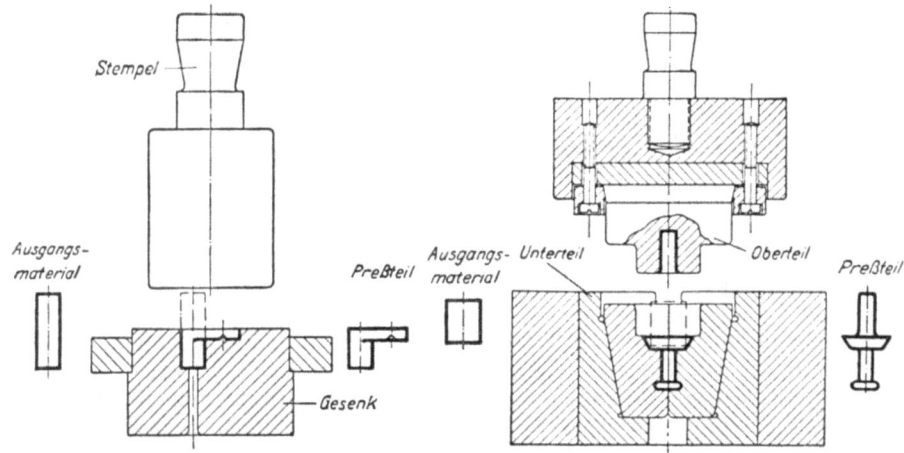

Abb. 54. Einteiliges offenes Gesenk.   Abb. 55. Zweiteiliges geschlossenes Gesenk.

Bei einem offenen Gesenk liegt der Grat an der Oberfläche des Unterteiles, während bei einem geschlossenen Gesenk durch Ober- und Unterteil eine Kammer gebildet wird, in die der Schmiederohling eingelegt wird. Der Grat liegt in der Tiefe der Kammer oder aber der überschüssige Werkstoff verbleibt am Preßteil.

Häufig wird das Unterteil des Gesenkes in zwei oder mehr Teile zerlegt, die später auseinandergenommen werden, um unterschnittene Gesenkschmiedeteile aus der Form entfernen zu können.

Abb. 54 zeigt ein einteiliges offenes Gesenk, in dem ein Kontaktstück gepreßt wird. Die Form ist nur im Unterteil des Gesenkes eingearbeitet, während das Oberteil als Stempel glatt ist.

Das zweiteilige Gesenk (Abb. 55), in dem ein Ventilkegel gepreßt wird, ist geschlossen und hat ein geteiltes Unterteil, um den gepreßten Kegel aus der Form entfernen zu können.

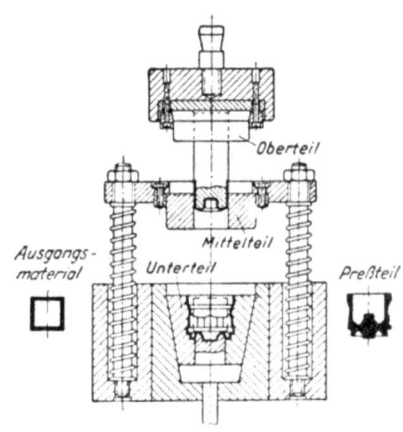

Abb. 56. Dreiteiliges geschlossenes Gesenk.

Das dreiteilige Gesenk (Abb. 56), in dem eine Kappe gepreßt wird, ist geschlossen und hat ebenfalls ein geteiltes Untergesenk, um die unterschnittene Kappe nach dem Ausschmieden aus der Form herausnehmen zu können.

---

[1] Vgl. auch Werkstattbuch Heft 31: H. KAESSBERG: Gesenkschmieden von Stahl, I. Teil, Technologische Grundlagen der Gestaltung von Schmiedestücken und Schmiedewerkzeugen.

3. Aufspannung der Gesenke. Die Gesenke, die aus hochwertigem Stahl hergestellt sind, werden in ein Gehäuse bzw. einen Spannkopf eingebunden, damit sie beim Arbeiten zueinander eine genaue Führung haben und auch bei den starken Beanspruchungen durch das Schmieden größeren Widerstand besitzen.

Das Gesenkoberteil in Abb. 55 ist im Stempelkopf durch einen übergeworfenen Ring an seiner schrägen Fläche gehalten und auf eine Unterlagsplatte durch Anziehen des Spannringes festgezogen.

Als Aufspannung für das Untergesenk verwendet man entweder einen Ring wie ihn Abb. 54 zeigt, den man auf das Gesenk aufsetzt, oder das Gesenk wird in ein Gehäuse eingebaut, wie es bei den Abb. 55 und 56 zu sehen ist.

Das Gesenkunterteil erhält im allgemeinen, wenn es festsitzen soll, so schwach schräge Flächen, daß es sich fest im Gehäuse einklemmt und nur mit Gewalt wieder herausgedrückt werden kann.

Anders ist es bei geteilten Untergesenken. Hier muß die Schräge an dem Untergesenk so stark gehalten werden, daß es sich nicht festklemmt und nach jedem Preßgang leicht herausgenommen werden kann.

Das Mittelteil des Gesenkes Abb. 56 ruht in einem Querhaupt, das auf Federn gehalten wird.

Beim Zusammenfahren der Gesenke führen sich Ober- bzw. Ober- und Mittelteil im Ring oder im Gehäuse des Unterteiles, so daß die Gesenke, unabhängig von den Bärführungen der Maschinen, genau miteinander zusammenarbeiten.

4. Werkzeuge zum Abgraten. Zum Abgraten der Gesenkschmiedeteile werden meist offene Schnitte (Abb. 57) verwendet, bei denen die Schnittplatte gehärtet ist und der Stempel weich bleibt. Werden große Stückzahlen abgegratet, empfiehlt es sich jedoch, einen Führungsschnitt anzufertigen, bei dem auch der Stempel gehärtet wird.

Die Stempel erhalten Abstreifer, um den Grat, der sich nach dem Durchdrücken des Gesenkschmiedeteiles an dem Stempel hochzieht, zu entfernen. Die Abstreifer können entweder im Werkzeug selbst eingebaut sein oder zusätzlich aufgespannt werden.

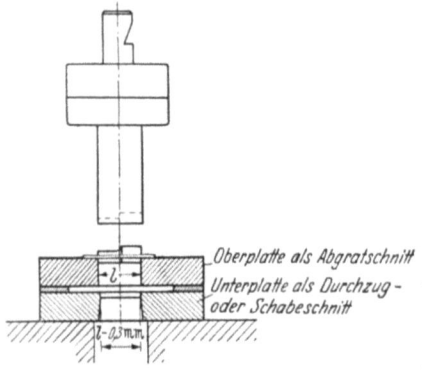

Abb. 57. Abgratschnitt.

Durchzüge, in denen abgegratete Schmiedeteile durch eine unter der Abgratschnittplatte liegende zweite Schnittplatte nachgeschabt werden (s. Abb. 57), sind so zu bemessen, daß die Durchzugsplatte nur 0,1···0,3 mm enger als die Abgratschnittplatte gehalten wird, weil der Werkstoff sonst beim Schaben ausreißen würde.

Zwischen Abgrat- und Durchzugsplatte muß ein Schlitz freigehalten werden, um die beim Schaben entstehenden Späne zu entfernen. Als Werkstoff für die Schnittplatte wird Gußstahl oder ein chromlegierter Werkzeugstahl verwendet.

5. Herstellung der Gesenke. a) *Werkstoff.* An Warmschmiedegesenke für Nichteisenmetalle werden hohe Anforderungen in bezug auf Genauigkeit und Stückleistung gestellt, so daß ausschließlich legierte Stähle mit Chrom-, Molybdän-, Nickel- und Wolframzusatz verwendet werden. Chrom erhöht die Härte des Stahles, während Nickel dem Stahl eine große Zähigkeit gibt. Da beide Faktoren beim Pressen in Frage kommen, werden im großen Umfange Chrom-Nickelstähle zu Preßgesenken verwendet.

Die Zusammensetzung der Chrom-Nickelstähle, die im Einsatz gehärtet werden, besteht aus 0,2% C, 1,4% Cr und 4,5% Ni. Bei den Vergütungsstählen ist bei gleichem Zusatz von Cr und Ni der Kohlenstoffgehalt 0,35···0,45%. Um höhere Stückleistungen zu erreichen, wird den Stählen für Warmschmiedegesenke vielfach noch W und Mo zulegiert. Diese Stahlsorten haben wegen ihrer hohen Warmfestigkeit eine geringere Neigung zum Verschleiß, sie sind jedoch weniger zäh als die Chrom-Nickelstähle, so daß mitunter die Abmessungen der Gesenkblöcke bei diesen Stählen stärker als bei Chrom-Nickelstahl gehalten werden müssen.

Für die Wirtschaftlichkeit ist noch von Bedeutung, daß Mo-W-stähle etwa doppelt so teuer sind als Chrom-Nickelstahl. Aus diesem Grunde wird dieser Gesenkwerkstoff nur für Gesenkschmiedeteile mit höheren Stückzahlen verwendet.

Für Kalt-Schmiedegesenke, die zum Nachschmieden Verwendung finden, wird vielfach ein zäher Gußstahl benutzt. Nur bei besonders hochbeanspruchten Teilen nimmt man auch hier einen legierten Stahl.

Die Hauptforderung für den Gesenkwerkstoff ist, daß der Block gleichmäßig im Gefüge, lunker- und rißfrei ist, da sich alle Fehler bei der hohen Beanspruchung des Werkstoffs sehr nachteilig für die Brauchbarkeit erweisen würden.

b) *Bearbeitung*. Bei der Bearbeitung der Gesenke geht man meistens von einem vollen Stück Werkstoff aus. Während das Zubereiten des Blockes sowie das Ausarbeiten der Form mit Hilfe von Maschinen geschieht, wird die Fertigverarbeitung von Gesenkmachern von Hand ausgeführt.

Der Gesenkblock wird, je nach seiner Beschaffenheit, auf der Hobel- oder Fräsmaschine außen bearbeitet oder bei Rundgesenken auf der Drehbank gedreht.

Nun beginnt die Ausarbeitung der Form.

Das Anreißen geschieht durch genaues Aufzeichnen der Umrisse der Form auf der Teilfläche (Gratfläche) des Gesenkes, nachdem man zuvor die Fläche mit Kupfervitriol gestrichen hat, damit man den Anriß deutlich erkennen kann.

Wenn sich Gesenke häufiger wiederholen, ist es zweckmäßig, für das Anreißen Schablonen anzufertigen.

Zum Ausarbeiten der Form werden am meisten Senkrecht-Fräsmaschinen verwendet, die, je nach der Größe des Gesenkes, in verschiedenen Abmessungen zur Verfügung stehen müssen.

Das möglichst genaue Ausfräsen der Form ist für die wirtschaftliche Herstellung der Gesenke von ausschlaggebender Bedeutung. Leider wird dem Ausfräsen der Form häufig nicht die Beachtung geschenkt, die es verdient. Bei einem roh vorgearbeiteten Gesenk hat der gelernte Werkzeugmacher die Hauptarbeit zu leisten, die als Handarbeit sehr teuer wird. Wird die Form indessen genau vorgearbeitet, so braucht der Werkzeugschlosser nur noch die Feinarbeit des Schlichtens zu leisten und spart außerordentlich an Arbeitszeit.

Von den Fräsmaschinen, die heute als Universal-Werkzeug-Fräsmaschinen entwickelt worden sind, wäre die Maschine Abb. 58 von FRIEDRICH DECKEL anzuführen, die durch ihre Zusatzgeräte für Waagrechtfräsen (Abb. 59) zum Schruppen, ferner zum Ausfräsen von Hohlformen mit Senkrechtfräskopf (Abb. 58) ausgerüstet ist, der durch eine schnellaufende Einrichtung (Abb. 60) zum Ausfräsen von feineren Konturen besonders geeignet ist. Auch als Stoßmaschine ist sie verwendbar (Abb. 61), wobei der Stoßkopf sich um 360° schwenken läßt und hierdurch schwierige Stoßarbeiten an der Gesenkform ausgeführt werden können.

Um unter Senkrecht-Fräsmaschinen zwangläufig und durch selbsttätigen Vorschub eingebogene und ausgebogene Zylinderflächen auszufräsen, ist eine Pendeleinrichtung (System PAPKE) entwickelt worden, durch die eine sehr saubere Fräsarbeit geleistet werden kann.

Abb. 58. Universal-Werkzeugfräsmaschine mit Senkrechtfräskopf. *(Werkfoto Friedrich Deckel, München.)*

Abb. 59. **Gegenhalter zum Waagerechtfräsen als Zusatzgerät** zur Fräsmaschine Abb. 58. *(Werkfoto Friedrich Deckel.)*

Abb. 60. Schnellaufender Senkrechtfräskopf als Zusatzgerät zur Fräsmaschine Abb. 58. *(Werkfoto Friedrich Deckel.)*

Abb. 61. Stoßapparat als Zusatzgerät zur Fräsmaschine Abb. 58. *(Werkfoto Friedrich Deckel.)*

Abb. 62 zeigt im Schema das Entstehen der Zylinderfläche. Angetrieben durch 4 Kurbeln mit verstellbarem Radius, macht der Tisch eine kreisförmige Bewegung, deren Radius gleich dem der Kurbeln ist. Da das Werkzeug, der Fräser, nur eine sich drehende, aber keine Längsbewegung macht, dringt der Fräser in den Werkstoff ein und erzeugt die hohle Form, wenn die Kurbeln aus der waagerechten Lage einen Kreisbogen nach oben beschreiben. Im umgekehrten Sinne wird eine ausgebogene Form erzeugt.

Der zu dieser Arbeit erforderliche Fräser ist von einfacher Form und entsprechend billig. Es genügen im allgemeinen Schaft- bzw. Fingerfräser zylindrischer oder kegeliger Form mit abgerundeten Stirnflächen, von denen wenige Größen zur Ausführung aller Fräsarbeiten nötig sind.

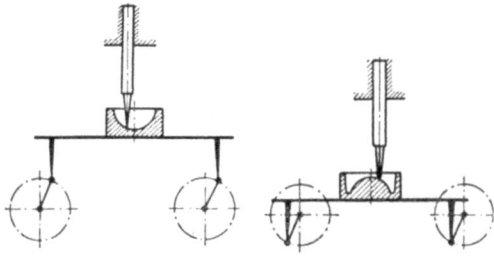

Abb. 62. Arbeitsschema des Pendelfrästisches System PAPKE.

Diese Einrichtung wird von der Firma FRIEDRICH DECKEL, München, als Frästisch oder auch eingebaut als Sondermaschine geliefert.

Runde bzw. zylindrische Formen, die in Preßrichtung des Gesenkes einzuarbeiten sind, werden auf Drehbänken hergestellt.

Zum Ausdrehen von Sechskant-Gesenken auf der Drehbank hat man auf einer Drehbank eine Sondereinrichtung (Abb. 63) geschaffen, indem der Quersupport der Drehbank mit dem Drehstahl durch ein Sechskant-Nachformstück geführt wird, das sich zwangläufig mit der Arbeitsspindel bewegt. Mit dieser Einrichtung ist es möglich, durch Einstellen von verschiedenen Nachformrollen sämtliche Sechskantflächen bis auf die scharfen Ecken maschinell sauber auszudrehen.

Außerdem sind für das Drehen von vielgestaltigen Werkstücken im Auslande und in Deutschland „Nachformdrehbänke" entwickelt worden, die auch zur Herstellung mannigfacher, sowohl von der zylindrischen Form abweichender als auch unrunder Formen von Gesenken verwendet werden können[1].

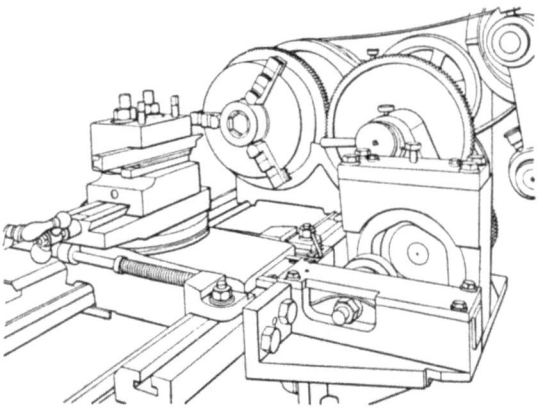

Abb. 63. Sechskant-Nachformdrehbank.

Die mit obigen Maschinen ausgefrästen Flächen werden von dem Werkzeugschlosser mit Meißel, Feile, Schaber sowie mit Schmirgelhölzern, Puntzen und Stempeln nachgearbeitet. Als Feilen werden besondere Löffelfeilen verwendet, die zum Teil aus den Feilenfabriken bezogen werden oder aber aus handelsüblichen Feilen vom Werkzeugmacher für bestimmte Zwecke angefertigt werden.

Um tiefliegende Formen, an die man mit der Feile nicht heran kann, auszuarbeiten, bedient man sich auch eines Kernes, in den die Form des Gesenkes als Positiv eingearbeitet worden ist. Durch Eintreiben des gehärteten Kernes in den noch weichen Gesenkwerkstoff unter Hand-Spindelpressen lassen sich Maßunterschiede bis zu 0,5 mm ausgleichen.

---

[1] Siehe Werkstattbuch Heft 113: C. H. STAU, Nachformeinrichtungen für Drehbänke.

Man hat auch versucht, die Form mittels eines Kernes kalt einzusenken. Das hat sich aber bisher nur bei verhältnismäßig flachen Gravuren bewährt. Schwierige Einarbeitungen scheiterten noch an der hohen Festigkeit und geringen Kaltverformbarkeit derjenigen Warmarbeitsstähle, mit denen die besten Gesenkleistungen erzielt werden. Um hier weiterzukommen, preßt man heute vielfach einen Leisten oder Pfaffen in den hocherhitzten Gesenkblock und stellt auf diese Weise die genaue Form spanlos her. Die Leisten und Pfaffen sind so bemessen, daß sie tiefer, als die eigentliche Form verlangt, in den Gesenkwerkstoff eingepreßt werden können, wodurch erreicht wird, daß die Form auch in der Nähe der Gesenkfuge einwandfrei ausgebildet wird. Diese Herstellungsart, die sich bei flachen Gesenken aus S.M.-Stahl zum Teil sehr gut bewährt hat, hat sich für die Anfertigung von Schmiedegesenken aus Chrom-Nickel- und Chrom-Wolframstahl nicht so einführen lassen, weil diese legierten Stähle schwieriger zu handhaben sind.[1]

In dem Bestreben, sich bei der Ausarbeitung der Gesenkformen möglichst vollkommen von gelernten Arbeitskräften unabhängig zu machen und die Herstellungskosten auf ein Mindestmaß zu beschränken, ging man zuerst in USA dazu über, selbsttätige Gesenk-Nachformfräsmaschinen zu bauen (Gesenk-Nachform-Fräsmaschine Bauart KELLER). Wenn auch diese Maschinen sehr teuer und zum Teil in ihrer Behandlung empfindlich sind, so geben sie doch die Möglichkeit, große Formen und Gesenke außerordentlich schnell und billig herzustellen.

Zunächst muß ein Modellgesenk angefertigt werden, in dem in einem Kasten, der der Größe des zu verwendenden Gesenkblockes entspricht, in Gips- oder Zementbrei die Form einmodelliert wird. Die auf diese Weise erzeugte Hohlform ist der Ausgang für die Herstellung des eigentlichen Gesenkes, wenn dieses nur einmal oder in wenigen Stücken gefertigt werden soll.

Ist das gleiche Gesenk oft anzufertigen, so ist es zweckmäßig, das Modellgesenk aus Metall herzustellen.

Das Modellgesenk wird an der einen Hälfte des Aufspanntisches, der vorgearbeitete Gesenkblock an der anderen Hälfte desselben Tisches befestigt. Die Oberflächen des Modelles und des zu bearbeitenden Gesenkblockes müssen möglichst in einer Ebene liegen.

Die Fräsmaschine besteht aus einer Frässpindel, die durch einen Taststift, der die Form des Modellgesenkes abtastet, gesteuert wird. Die Bewegung des Taststiftes kann mechanisch oder elektrisch auf die Frässpindel übertragen werden.

Der Fräsvorgang selbst wird in 2$\cdots$3 Arbeitsgänge zerlegt. Je nach der Größe des Gesenkes wird mit einem kräftigen Fräser, der durch einen entsprechend starken Taststift gesteuert wird, die Form durch Fortnahme großer Werkstoffmengen vorgeschruppt. Nach Beendigung dieser Arbeit werden Fräser und Taststift gegen schwache Schlichtfräser und einen dazu passenden Taststift ausgewechselt. Die Spindelgeschwindigkeit wird entsprechend dem geringen Durchmesser des Schlichtfräsers gesteigert und ein feinerer Vorschub gewählt.

Für eine gute Kühlung des Fräsers und Abführung der Späne muß gesorgt werden.

Während des automatischen Fräsvorganges erfordert die Maschine keinerlei Bedienung, außer daß man auf ein gut schneidendes Werkzeug zu achten hat.

Nach dem Nachform-Gesenkfräsverfahren von KELLER (USA) wurden für europäische Verhältnisse mit ihren geringeren Stückzahlen in der Fertigung besser geeignete „Nachformfräsmaschinen" entwickelt, die sich in großem Umfange bei der Gesenkfertigung eingeführt und bewährt haben.

---

[1] Über das Kalteinsenken und das Warmeinsenken von Werkzeugen erscheint demnächst ein besonderes Werkstattbuch.

Hier ist zunächst die Nachformfräsmaschine von DECKEL, München (Abb. 64), zu nennen, die nach dem Prinzip des Pantographen, die Möglichkeit gibt, auch mit verkleinerten oder vergrößerten Modellen zu arbeiten. Bei der Einstellung 1:1 kann man nach dem ersten Fertiggesenk oder nach einem Urstück weitere Ersatzgesenke ausarbeiten, wie aus Abb. 64 zu ersehen ist.

Die Leistungsfähigkeit dieser Maschine ist nicht so sehr nach der Zerspanungsarbeit, sondern nach der gesamten Arbeitsleistung sowie der Sauberkeit und Genauigkeit der gefrästen Teile zu beurteilen. Sie eignet sich besonders für die Herstellung kleiner oder mittelgroßer Gesenke mit vielgestaltigen Formen und tiefen Steilflanken.

Für einen großen Bedarf an Gesenken hat die Firma NASSOVIA, Maschinenfabrik HANNS FICKERT, die KELLER-Nachformfräsmaschinen weiter entwickelt (Abb. 65). Eine neuartige Steuereinrichtung vermittelt ein schnelles Ansprechen auf den Druck des Abtaststiftes in dem Bezugsformstück. Die Bewegungen des Stiftes werden hydraulisch verstärkt auf das Fräswerkzeug übertragen (Abb. 66). Hierdurch verminderter Kraftaufwand zugunsten erhöhter Arbeitsleistung.

Abb. 64. Universal-Nachformfräsmaschine.
(Werkfoto Friedrich Deckel.)

Die Firma NASSOVIA hat das englische *Sparcatron*-Verfahren in Lizenz übernommen, das eine ganz neue Möglichkeit bietet, Raumformen, insbesondere Warmpreß- und Schmiedegesenke, herzustellen. Es wird grundsätzlich immer *gehärteter* Stahl bearbeitet und zwar durch den elektrischen Funken (engl. SPARC). Genau so können auch Hartmetall und alle anderen auf bekannte Weise schwer bearbeitbare Werkstoffe bearbeitet werden. Es können nicht nur Raumformen, sondern auch Durchbrüche aller Art, auch Abgratschnitte, mit diesem Funkenerosions-Verfahren hergestellt werden. Bei Warmpreßgesenken (Abb. 67 u. 68) wird direkt das herzustellende Teil, also der Preßling, als Werkzeug verwendet. Der eine Pol des Arbeitskreises ist

Abb. 65. Selbsttätige Nachformfräsmaschine, Gesamtansicht.
(Nassovia Maschinenfabrik Hanns Fickert GmbH, Langen bei Frankfurt/M.)

der Preßling, der als Elektrode dient, und der andere Pol ist das Werkstück. Die zwischen beiden Polen überspringenden Funken brennen am Werkstück kleine Teile ab, so daß allmählich eine Raumform im Werkstück, nämlich die des Preßlings, entsteht.

Anlaßerscheinungen, Wärmerisse usw. treten bei dem Verfahren nicht auf. Die Möglichkeit, gehärteten Stahl zu bearbeiten, auch bei einem Nachkalibrieren der Gesenke, eröffnet ganz neue Herstellungsverfahren in der Werkzeugtechnik.

Dabei wird eine hohe Güte der Oberfläche erzielt. Diese Oberfläche muß in der Regel dann noch poliert werden, was aber weder umfangreich noch kostspielig ist [1].

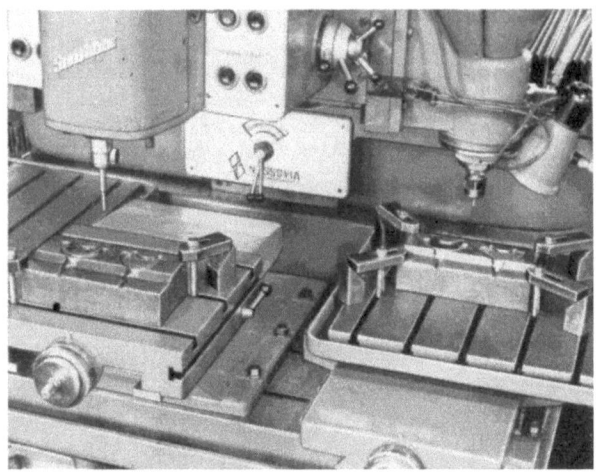

Abb. 66. Bezugsformstück und Werkstück auf der Nachformfräsmaschine Abb. 65 (*Nassovia*).

Die Deutschen Edelstahlwerke in Krefeld und die Kruppwerke in Essen beschäftigen sich ebenfalls mit dem Elektro-Erosionsverfahren zur Bearbeitung von Hartmetall und gehärteten Werkzeugen.

6. Härten der Gesenke. Die zu härtenden Gesenke werden weich auf die genaue Form und das Zusammenpassen der Ober- und Unterteile nachgeprüft, indem Bleiabdrücke oder Schwefelabgüsse gemacht werden. Nach dem Härten muß dies nochmals wiederholt werden, um festzustellen, ob sich die Form hierbei nicht verzogen hat. Das Nachmessen der Form an dem geschmiedeten vollen Stück ist leichter als das Nachmessen der hohlen Form. Dem Härten der Gesenke ist die größte Aufmerksamkeit zuzuwenden; denn einmal sind die Werkstoffkosten

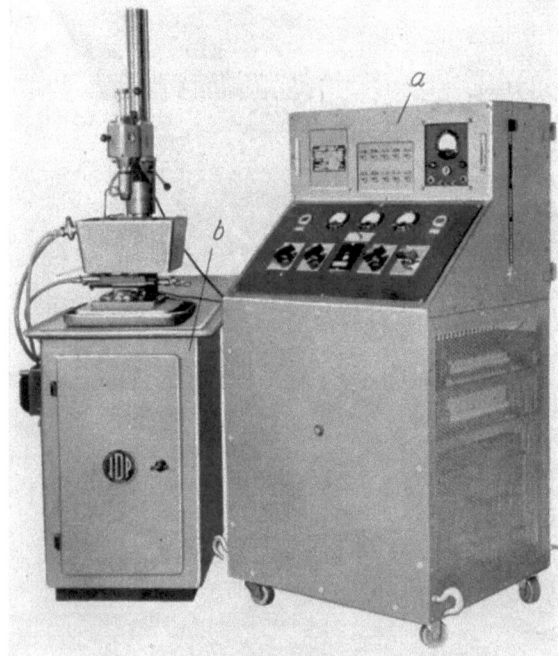

Abb. 67. Sparcatron-Anlage zur Bearbeitung gehärteter Gesenke nach dem Funken-Entladungsverfahren (*Nassovia*). *a* elektrischer Teil, *b* mechanischer Teil.

---

[1] Nach Angaben der Firma *Nassovia* Maschinenfabrik HANNS FICKERT GmbH, Langen, Bez. Frankfurt/Main.

für den Gesenkblock schon sehr hoch, ferner sind durch die Bearbeitung der Form erhebliche Kosten entstanden und außerdem ist die Güte der Härtung ausschlaggebend für die Leistungsfähigkeit des Gesenkes.

An ein richtig gehärtetes Gesenk werden folgende Anforderungen gestellt:

1. Eine harte Oberfläche, deren Härte so tief geht, daß sich die Oberfläche beim Pressen nicht eindrückt.
2. Die Oberfläche muß die gewünschten Ecken und Kanten unter dem hohen Preßdruck beibehalten.
3. Das Gesenk muß genügende Zähigkeit besitzen.
4. Der Werkstoff muß so beschaffen sein, daß beim Härten keine wesentlichen Formveränderungen eintreten.

Um eine gute Härte zu erzielen, muß bereits beim Erwärmen des Werkstoffes Obacht gegeben werden. Als Ofen ist am besten ein gasbeheizter Muffelofen zu verwenden, dessen Temperatur mit einem Pyrometer einwandfrei gemessen werden kann. Verwendet man einen Flammofen, so soll auch hier die Temperatur gemessen werden, um von dem Auge des Härters unabhängig zu sein. Auch elektrisch beheizte Öfen sind zu verwenden, nur muß hier besonders darauf geachtet werden, daß die Erwärmung der Gesenke langsam und spannungsfrei erfolgt.

Von großer Bedeutung ist es, daß der Werkstoff bereits vor dem Härten gut geglüht ist, und daß die Härtetemperatur langsam erreicht wird, damit der Gesenkblock gleichmäßig durchgewärmt ist. Einseitige und zu rasche Erwärmung sind die Hauptquelle, die zu späteren Brüchen der Gesenke führen.

Um Gesenkblöcke von 20···30 kg gleichmäßig zu erwärmen, soll man mindestens 5···7 Stunden gebrauchen.

Abb. 68. Bearbeitung eines gehärteten Warmpreßgesenkes für einen Gashahn auf der Maschine Abb. 67 (*Nassovia*).

Werden Gesenke im Einsatz gehärtet, so soll die Kohlungstiefe mindestens 1···2 mm betragen, damit sich die gehärtete Schicht beim Pressen nicht durchschlägt.

Die Härtetemperatur der Chrom-Nickelstähle beträgt 800···900°, je nach Zusammensetzung der Stahlsorten. Für Chrom-Molybdän- und Wolframstahl wird eine Härtetemperatur von 1100···1200° benötigt.

Besondere Beachtung erfordert auch das Abkühlen der Gesenke, da sie bei unrichtiger Behandlung entweder nur teilweise hart werden oder Spannungen erhalten, wodurch sie beim Arbeiten leicht platzen.

Das Abschrecken in Öl muß in genügend großen Behältern unter reichlicher Bewegung des Öles oder Werkstückes vorgenommen werden. Beim Abkühlen in Luft sollen die Gesenke an einem Ort hingestellt werden, an dem ein einseitiger

Luftzug unbedingt vermieden wird. Wird im Luftstrom abgekühlt, so muß ebenfalls auf gleichmäßige Umspülung durch die Luft geachtet werden.

Alle Gesenke sollen nach dem Abhärten angelassen werden, um ihnen eine größere Zähhärte zu geben und um auch die noch vorhandenen Spannungen herauszubringen. Bei Chrom-Nickelstahl betragen die Anlaßtemperaturen 300···400°, bei Chrom-Molybdän- und Wolframstahl bis 600°.

Es ist vorteilhaft, die Gesenke, bevor sie in Gebrauch genommen werden, nochmals 24 Stunden an einer Stelle mit gleichmäßiger Erwärmung bei 220° liegen zu lassen, damit auch die letzten Spannungen sich auslösen können.

Zu beachten ist schließlich, daß die Gesenke besonders während der Winterzeit nicht einseitig großen Temperaturunterschieden ausgesetzt werden, da sonst Spannungen auftreten, die gegebenenfalls sogar zum Platzen des ganzen Gesenkblockes führen können.

Die Festigkeit der fertigen Gesenke soll je nach Stahlart und Form der Gravur zwischen 120 und 170 kg/mm² liegen. Sie wird im allgemeinen durch eine Prüfung der Brinell-, Rockwell- oder Skleroskophärte bestimmt.

XIII. Wirtschaftlichkeit des Warm-Gesenkschmiedens.

1. Gesenkkosten. Welche Bedeutung die Werkzeugkosten für das Gesenkschmieden besitzen, geht aus Abb. 69 hervor, aus der zu ersehen ist, daß die Werkzeugkosten 58% der Gesamtkosten ergeben. Das läßt klar erkennen, daß der Werkzeugfrage beim Pressen und Gesenkschmieden eine ausschlaggebende Bedeutung zuzumessen ist.

Die Ursache der hohen Werkzeugkosten besteht zunächst einmal darin, daß die Gesenke infolge von Konstruktions- und Werkstoffehlern häufig schadhaft werden.

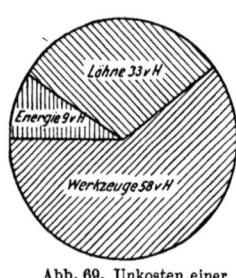

Abb. 69. Unkosten einer Warmpresserei.

Es sind deshalb die bei der Konstruktion der Gesenkschmiedeteile aufgestellten Forderungen im Sinne der Ausnutzung der Gesenke voll zu beachten. Die am meisten verwendeten Chrom-Nickelstähle sind häufig recht ungleichmäßig und enthalten Lunkerstellen. Es müssen deshalb vor Inangriffnahme der Bearbeitung die Rohblöcke auf diese Fehler hin untersucht werden. Auch spielt die Härte des Werkstoffes eine wesentliche Rolle, da sich sonst die Gesenke zu schnell ausschlagen.

2. Gesenkverschleiß. Der übliche Verschleiß der Gesenke soll darin bestehen, daß die Oberfläche sich durch die Reibung des geschmiedeten Werkstoffes abnutzt. Außer diesem Verschleiß muß aber mit einer vorzeitigen Rißbildung an der Oberfläche des Gesenkes gerechnet werden, die

1. auf ungeeigneten Werkstoff,
2. auf fehlerhafte Härtung,
3. auf nicht genügendes und unsachgemäßes Anwärmen des Gesenkes vor dem Gebrauch zurückzuführen ist.

Diese schon häufig bei der ersten Inbetriebnahme der Gesenke auftretenden feinen Oberflächenrisse kann man als die Krebskrankheit der Gesenke bezeichnen; denn die einmal vorhandenen Risse werden durch den zu verschmiedenden Werkstoff aufgeweitet, bilden kleine Spalten, in die sich der Werkstoff des Schmiedeteiles wiederumhineinpreßt, wodurch die Oberfläche bald unansehnlich wird (Abb. 70).

Nachstemmen und Ausfeilen der Form hilft nur wenig, da sich die Risse bald in verstärktem Maße wieder zeigen. Außerdem wird durch das Nacharbeiten der

Form die Toleranz des Schmiedestückes überschritten, wodurch die Gesenke frühzeitig Ausschuß werden.

Um diese Krankheit zu verhindern oder hintanzuhalten, ist neben einem geeigneten Werkstoff und richtiger Härtung vor allem erforderlich, daß die Gesenke vor dem Gebrauch gut angewärmt werden; denn hierdurch können die starken Beanspruchungen, die infolge des Warmschmiedens durch Druck und Temperatur an der Oberfläche auftreten, gemildert werden.

Bei Chrom-Nickelstählen erwärmt man die Gesenke auf 200···300°, bei Chrom-Molybdän- und Wolframstählen kann man mit der Erwärmung bis auf 400···500° gehen.

Die Schmiedeleistung der Gesenke richtet sich nach dem Verpressungsgrad, den die Gesenkschmiedeteile erfahren.

Für *einfache Gesenke* erreicht man:
    bei Chrom-Nickelstahl
              10···20000 Stück
    bei Chrom-Wolframstahl
              20···50000 ,,

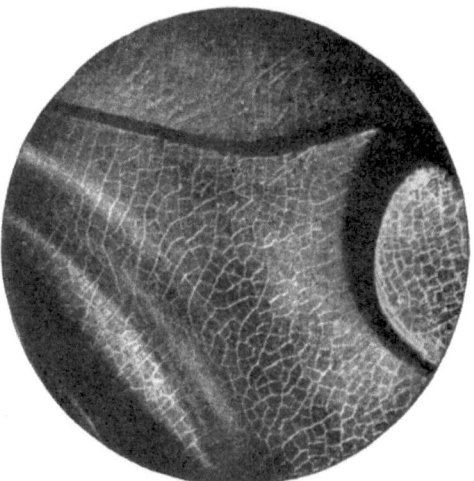

Abb. 70. Oberflächenrisse an einem Gesenk.

bei schwierigen Gesenken mit großem Verpressungsgrad
      bei Chrom-Nickelstahl   3000···10000 Stück
      bei Chrom-Wolframstahl 5000···15000 ,, .

Einteilung der bisher erschienenen Hefte nach Fachgebieten (Fortsetzung)

II. Spangebende Formung (Fortsetzung)   Heft

Innenräumen. 3. Aufl. Von A. Schatz	26
Außenräumen. 2. Aufl. Von A. Schatz	80
Das Schleifen und Polieren der Metalle. 5. Aufl. Von H. Staudinger (Im Druck)	5
Spitzenloses Schleifen I — Maschinenaufbau und Arbeitsweise —. Von W. Hofmann	97
Spitzenloses Schleifen II — Zusatzvorrichtungen, Genauigkeits- und Schönheitsschliff —. Von W. Hofmann	107
Läppen. Von H. H. Finkelnburg	105
Werkzeugschleifen. Von A. Rottler	94
Feilen. 2. Aufl. Von B. Buxbaum	46
Das Sägen der Metalle. 2. Aufl. Von J. Hollaender	40
Die Fräser. 4. Aufl. Von E. Brödner	22
Das Fräsen. 3. Aufl. Von Dipl.-Ing. H. H. Klein (Im Druck)	88
Nachformeinrichtungen für Drehbänke (Kopierdrehen). Von C. H. Stau	113
Die wirtschaftliche Verwendung von Einspindelautomaten. 2. Aufl. Von H.H.Finkelnburg	81
Die wirtschaftliche Verwendung von Mehrspindelautomaten. 2. Aufl. Von H.H.Finkelnburg	71
Werkzeugeinrichtungen auf Einspindelautomaten. 2. Aufl. Von F. Petzoldt	83
Werkzeugeinrichtungen auf Mehrspindelautomaten. Von F. Petzoldt	95
Maschinen und Werkzeuge für die spangebende Holzbearbeitung. 2. Aufl. Von H. Wichmann	78

III. Spanlose Formung

Freiformschmiede I — Grundlagen, Werkstoffe der Schmiede, Technologie des Schmiedens —. 4. Aufl. Von F. W. Duesing und A. Stodt	11
Freiformschmiede II — Konstruktion und Ausführung von Schmiedestücken. Schmiedebeispiele —. 3. Aufl. Von A. Stodt	12
Gesenkschmieden von Stahl I — Technologische Grundlagen der Gestaltung von Schmiedestücken und Schmiedewerkzeugen —. 3. Aufl. Von H. Kaessberg	31
Gesenkschmieden von Stahl II — Die Gestaltung der Schmiedewerkzeuge —. 2. Aufl. Von H. Kaessberg	58
Das Pressen der Metalle. 2. Aufl. Von A. Peter	41
Stanztechnik I — Schnittechnik —. 3. Aufl. Von E. Krabbe	44
Stanztechnik II — Die Bauteile des Schnittes —. 2. Aufl. Von E. Krabbe	57
Stanztechnik III — Grundsätze für den Aufbau von Schnittwerkzeugen —. Von E. Krabbe	59
Stanztechnik IV — Formstanzen —. 2. Aufl. Von W. Sellin	60
Die Tiefziehtechnik in der Blechbearbeitung. 4. Aufl. Von W. Sellin (Im Druck)	25
Metalldrücken. Von W. Sellin (Im Druck)	117
Hydraulische Preßanlagen für die Kunstharzverarbeitung. 2. Aufl. Von H. Lindner	82

IV. Schweißen, Löten, Gießerei

Die neueren Schweißverfahren. 7. Aufl. Von P. Schimpke	13
Das Lichtbogenschweißen. 4. Aufl. Von E. Klosse	43
Praktische Regeln für den Elektroschweißer. 3. Aufl. Von R. Hesse	74
Widerstandsschweißen. 2. Aufl. Von W. Fahrenbach	73
Das Schweißen der Leichtmetalle. 2. Aufl. Von Th. Ricken	85
Schweißtechnische Berechnungen. Von E. Klosse	102
Metallspritzen. Von K. Krekeler und K. Steinemer	93
Das Löten. 4. Aufl. Von R. von Linde	28
Fachkunde für den Modellbau. 2. Aufl. Von E. Kadlec	72
Der Holzmodellbau I — Allgemeines, einfachere Modelle —. 3. Aufl. Von R. Löwer	14
Der Holzmodellbau II — Beispiele von Modellen und Schablonen zum Formen —. 3. Aufl. Von R. Löwer	17
Modell- und Modellplattenherstellung für die Maschinenformerei. 2. Aufl. Von H. Jung	37
Der Gießerei-Schachtofen im Aufbau und Betrieb. 4. Aufl. Von Joh. Mehrtens	10
Handformerei. 2. Aufl. Von F. Naumann	70
Maschinenformerei. Von U. Lohse †. 2. Aufl. Von H. Allendorf	66
Einwandfreier Formguß. 3. Aufl. Von E. Kothny	30

(Fortsetzung 4. Umschlagseite)

MIX
Papier aus verantwortungsvollen Quellen
Paper from responsible sources
FSC® C105338

If you have any concerns about our products,
you can contact us on
ProductSafety@springernature.com

In case Publisher is established outside the EU,
the EU authorized representative is:
**Springer Nature Customer Service Center GmbH
Europaplatz 3, 69115 Heidelberg, Germany**

Printed by Libri Plureos GmbH
in Hamburg, Germany